光明社科文库
GUANGMING DAILY PRESS:
A SOCIAL SCIENCE SERIES

·经济与管理书系·

可靠性工程

周应朝 | 著

光明日报出版社

图书在版编目（CIP）数据

可靠性工程 / 周应朝著 . -- 北京：光明日报出版
社，2021.4

ISBN 978 - 7 - 5194 - 5914 - 7

Ⅰ.①可… Ⅱ.①周… Ⅲ.①可靠性工程 Ⅳ.
①TB114.3

中国版本图书馆 CIP 数据核字（2021）第 063238 号

可靠性工程
KEKAOXING GONGCHENG

著　者：周应朝

责任编辑：黄　莺　　　　　　　　责任校对：兰兆媛
封面设计：中联华文　　　　　　　责任印制：曹　净

出版发行：光明日报出版社

地　　址：北京市西城区永安路 106 号，100050

电　　话：010 - 63169890（咨询）　　63131930（邮购）

传　　真：010 - 63131930

网　　址：http://book.gmw.cn

E - mail：huangying@ gmw.cn

法律顾问：北京德恒律师事务所龚柳方律师

印　　刷：三河市华东印刷有限公司

装　　订：三河市华东印刷有限公司

本书如有破损、缺页、装订错误，请与本社联系调换，电话：010 - 63131930

开　　本：170mm×240mm

字　　数：101 千字　　　　　　　印　　张：10

版　　次：2021 年 4 月第 1 版　　　印　　次：2021 年 4 月第 1 次印刷

书　　号：ISBN 978 - 7 - 5194 - 5914 - 7

定　　价：68.00 元

目　录
CONTENTS

第一章

可靠性概论

第一节 可靠性的定义与尺度

一、可靠性（Reliability）的定义

可靠性的定义：产品在规定条件下和规定时间内，完成规定功能的能力。

这里的产品是可以单独研究和分别试验的材料、零部件、元器件、装置、设备和系统，实际使用时应明确其具体的名称。

由定义可知：

产品的可靠性与"规定的条件"有关，规定的条件是指在有关技术文件中对产品的操作规程、负载工况、维修方法、环境条件、辅助设备、操作技能等所进行的规定。

产品的可靠性与"规定的时间"密切相关。规定的时间是指产品的工作期限。其含义是广义的，可以是工作时间、日历时间、里程、循环次数、完成的工作量等。

产品的可靠性还与规定的功能有密切关系，规定的功能通常以各种性能指标来表述，实现了规定的性能指标（全部的性能指标，而不是其中的一部分），就叫完成了规定的功能。

二、可靠度（Reliability）

1. 可靠度的定义

可靠度的定义：产品在规定的条件下和规定的时间内，完成规定功能的概率，常用 R 表示。

由于可靠度是一个概率，故它具有如下特征：

（1）可靠度的取值范围为 $0 \leqslant R \leqslant 1$。

（2）可靠度可以通过样品试验的频率来估计。

若将一个产品在规定的条件下和规定时间内丧失规定功能的概率定义为不可靠度（或称累积失效概率），记为 F。则有：

$$R + F = 1 \quad 或 \quad R = 1 - F \qquad (1.1 - 1)$$

F 同样具有以下特性：

$$0 \leqslant F \leqslant 1$$

F 可以通过样品试验的频率来估计。

2. 可靠度的计算

设有 N_0 个某种零件，在规定的条件下和规定的时间 t 内，有 $r(t)$ 个零件丧失规定的功能，则这批零件的可靠度为

$$R(t) = \frac{N_0 - r(t)}{N_0} = 1 - \frac{r(t)}{N_0} = 1 - F(t) \quad (1.1-2)$$

例1　有 1000 支电子管参加试验，在（0，500）小时内有 100 支丧失规定的功能，在（0，1000）小时内有 500 支丧失规定的功能，求 $t=500$ 小时，1000 小时的可靠度？

解： 根据公式 $R(t) = 1 - \dfrac{r(t)}{N_0}$

$t = 500$ 时：$N_0 = 1000$，r（500）=100 则有

$$R(500) = 1 - \frac{100}{1000} = 0.9$$

$t = 1000$ 时：$N_0 = 1000$，$r(500) = 500$ 则有

$$R(500) = 1 - \frac{500}{1000} = 0.5$$

3. 可靠度函数

从上面的例子可以看出，规定的时间不同，其可靠度数值就不同，产品的可靠度是时间的函数，故可靠度亦称为可靠度

函数，记为 $R(t)$。其函数图形如图 1.1-1 所示。

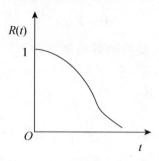

图 1.1-1 可靠度函数图

$R(t)$ 具有如下性质：

（1）$0 \leqslant R(t) \leqslant 1$；

（2）$R(0) = 1$；

（3）$R(\infty) = 0$；

（4）$R(t)$ 是时间 t 的单调减函数。

不可靠度也是时间的函数，记为 $F(t)$，一般称为累积失效分布函数（也称为不可靠度函数）。其函数图形如图 1.1-2 所示。$F(t)$ 具有如下性质：

（1）$0 \leqslant F(t) \leqslant 1$；

（2）$F(0) = 0$；

（3）$F(\infty) = 1$；

（4）$F(t)$ 为非减函数。

从上面可以看出，$F(t)$ 具有数理统计学中分布函数的性质，故称其为累积失效分布函数。

4

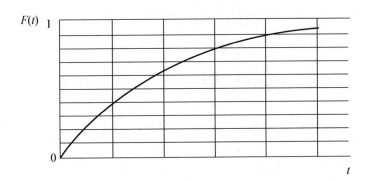

图 1.1 -2 累积失效分布函数

对于连续型随机变量的分布函数，数理统计中有一重要的描述方法，即用概率密度函数 $f(t)$ 来表示。

因而，累积失效分布函数 $F(t)$ 也可用概率密度函数 $f(t)$（在可靠性中，$f(t)$ 习惯称为失效密度函数）来描述。又由于时间变量 t 为非零变量，故有：

$$F(t) = \int_0^t f(t)\,dt \qquad (1.1-3)$$

$$R(t) = 1 - F(t) = \int_0^\infty f(t)\,dt - \int_0^t f(t)\,dt$$

$$= \int_t^\infty f(t)\,dt \qquad (1.1-4)$$

例 2 已知某电子元器件的失效密度函数为 $f(t) = \lambda e^{-\lambda t}$，其中 $\lambda = 0.001$，分别求该元件在 50 小时，100 小时和 1000 小时的工作时间的可靠度。

解： $R(t) = \int_t^\infty \lambda e^{-\lambda t}\,dt = e^{-\lambda t}$

5

当 $t = 50$ 小时：$R(50) = e^{-0.001 \times 50} = 0.951$

当 $t = 100$ 小时：$R(100) = e^{-0.001 \times 100} = 0.905$

当 $t = 1000$ 小时：$R(1000) = e^{-0.001 \times 1000} = 0.368$

4. 几种常用的分布及其适用范围

（1）指数分布

适应范围：具有恒定失效率的部件，无余度的复杂系统，在耗损失效前进行定时维修的产品等。

（2）威布尔分布

适应范围：滚珠轴承、继电器、开关、断路器、某些电容器、电子管、电动机、液压泵、齿轮等。

（3）正态分布

适应范围：变压器、灯泡及其某些机械产品等。

（4）对数正态分布

适应范围：硅晶体管、半导体器件、金属疲劳等。

三、失效率（Failure Rate）

1. 失效（故障）的概念

失效是指产品丧失规定的功能。故障是产品处于不能完成规定功能的状态，不包括计划维修、停工待料或计划停机。在一般情况下，"失效"和"故障"是同义词，其区别是，失效用于不可修复的产品，而故障通常用于可修复的产品。

2. 失效率的定义及其计算

失效率的定义：工作到某时刻尚未失效的产品，在该时刻后单位时间内发生失效的概率。记为 $\lambda(t)$。

$$\lambda(t) = \lim_{\Delta t \to 0^+} \frac{P(t < T < t + \Delta t \mid T > t)}{\Delta t} \quad (1.1-5)$$

式中，T——产品工作时间变量；

$[t, t + \Delta t]$ ——时间间隔。

在实际工程计算时，一般按下式计算：

$$\lambda(t) = \frac{r(t + \Delta t) - r(t)}{[N_0 - r(t)]\Delta t} = \frac{\Delta r(t)}{N_s(t)\Delta t} \quad (1.1-6)$$

式中，$\Delta r(t)$ ——时间间隔 $(t, t + \Delta t)$ 内失效的产品数；

$r(t)$ ——$(0, t)$ 时间内，产品失效累计数；

$N_S(t)$ ——到 t 时刻尚未失效的产品数；

Δt——所取时间间隔；

N_0 ——参加试验的产品数。

从上式可知，失效率的单位是时间的倒数，一般取 $10^{-5}/$ 小时，即%/ 10^3 小时。对于低失效率（即高可靠性）的电子产品，其失效率的单位通常用菲特（Fit）来表示，1Fit = $10^{-9}/$小时。

例 **3**　有 100 台内燃机，在 50 小时内都没有发生故障，在

7

50~51 小时内，有 1 台发生故障，51~52 小时内有 3 台发生故障，求该内燃机在 50 小时和 51 小时的失效率。

解：取$\Delta t = 1$ 小时，根据失效率计算式有：

$$\lambda(50) = \frac{\Delta r(50)}{[N_0 - r(50)]\Delta t} = \frac{1}{100 \times 1} = 0.01(1/\text{小时})$$

$$\lambda(51) = \frac{\Delta r(51)}{[N_0 - r(50)]\Delta t} = \frac{3}{(100 - 1) \times 1} = 0.303(1/\text{小时})$$

从上例可以看出，失效率也是时间 t 的函数，故失效率也称为失效率函数。

3. 三种类型的失效率

失效率函数根据其函数图形（如图 1.1-3）可以划分为如下三种类型：

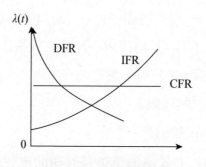

图 1.1-3 失效率的类型

（1）早期失效型（又称递减型，记为 DFR）。其特点是 $\lambda(t)$ 随时间 t 的增大而减小，且发生在产品开始工作后的早期阶段。

（2）偶然失效型（又称恒定型，记为 CFR）。其特点是 λ 为常数，与时间 t 无关，一般发生在产品的最佳试用期。

（3）耗损失效型（又称递减型，记为 IFR）。其特点是 λ（t）随时间 t 的增加而增加，且常发生在产品使用后期。

对于一具体产品，在其工作过程中，有的只有一种失效类型，有的有两种失效类型，大多数的产品则包含全部的三种失效类型，形成如图 1.1 - 4 所示的曲线，即著名的"浴盆曲线"。

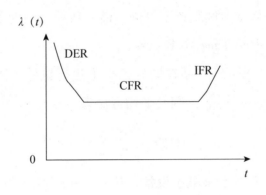

图 1.1 - 4　浴盆曲线

四、寿命（Life）

1. 寿命的定义

产品的可靠性也可采用寿命特征来衡量，它是可靠性的主要数量指标之一。寿命是指在规定条件下，产品从规定时刻开始到最终失效为止的时间。对于不可维修的产品，是指发生失效前的工作时间也称为失效前时间。对于可维修的产品是指相邻两次故障之间的时间，也称为无故障时间。

2. 平均寿命

平均寿命即寿命的均值，是产品最重要的寿命特征之一。

（1）平均失效前时间（MTTF）

平均失效前时间是指不可修产品失效前时间的平均值，记为 MTTF（Mean Time To Failure）。

设 N_0 个不可修产品在同样条件下进行试验，测得全部寿命数据为 $t_1, t_2, \cdots, t_{N_0}$，则其平均寿命为

$$MTTF = \frac{1}{N_0} \sum_{i=1}^{N_0} t_i \qquad (1.1-7)$$

例4　有 18 台某电子设备，从开始使用到失效的时间数据（单位：小时）如下：18，22，50，68，100，130，140，190，210，270，287，340，410，450，520，620，800，1100。则其平均寿命为

$$MTTF = \frac{1}{N_0} \sum_{i=1}^{N_0} t_i = \frac{1}{18} \times (18 + 22 + \cdots + 800 + 1100)$$

$$= 318(小时)$$

设某不可修产品的寿命服从失效密度为 $f(t)$ 的分布，则由数学期望的公式得：

$$MTTF = \int_{0}^{\infty} tf(t)\,dt \qquad (1.1-8)$$

（2）平均无故障时间（MTBF）

平均无故障时间是指可维修产品无故障时间的平均值。记为 MTBF（Mean Time Between Failures）。

一个可维修产品在使用期中，发生了 N_0 次故障，每次故障修复后又如新的一样继续投入工作，其工作时间分别为 t_1，$t_2,\cdots,t_{N_0}$。则平均无故障时间（亦称平均寿命）为

$$MTBF = \frac{1}{N_0}\sum_{i=1}^{N_0} t_i \qquad (1.1-9)$$

3. 可靠寿命（Percentile Life）

可靠寿命是指与给定的产品可靠度值相对应的时间。如图 1.1-5 所示，如给定的产品可靠度为 R^*，其对应的时间为 t_λ，则 $R(t_\lambda) = R^*$，这时 t_λ 即为可靠寿命。

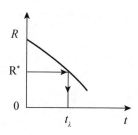

图 1.1-5　可靠寿命

4. 使用寿命（Useful Life）

定义：产品在规定条件下，从规定时刻开始，到产品的失效率不可接受或发生故障后不宜再修理为止的时间。

如图 1.1 - 6 所示，给定可接受的最大失效率为 λ^*，其对应的时间为 t_λ，则 $\lambda(t_\lambda) = \lambda^*$；这时 t_λ 为使用寿命。

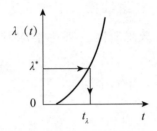

图 1.1 - 6　使用寿命

5. 几种常见寿命分布

（1）指数分布（Exponential Distribution）

若产品的失效密度函数为

$$f(t) = \lambda e^{-\lambda t} \qquad (t \geqslant 0, \lambda \geqslant 0) \qquad (1.1 - 10)$$

称寿命 T 服从指数分布，则有：

不可靠度函数为

$$F(t) = \int_0^t \lambda e^{-\lambda t} dt = 1 - e^{-\lambda t} \qquad (1.1 - 11)$$

可靠度函数为

$$R(t) = 1 - F(t) = e^{-\lambda t} \qquad (1.1-12)$$

平均寿命为

$$\theta = \int_0^\infty t\lambda e^{-\lambda t} dt = \frac{1}{\lambda} \qquad (1.1-13)$$

可靠寿命为

令给定可靠度为 R^*，则有：

$$e^{-\lambda t_r} = R^*$$

$$t_r = \frac{1}{\lambda}\ln\frac{1}{R^*} \qquad (1.1-14)$$

（2）正态分布（Normal Distribution）

若产品的失效密度函数为

$$f(t) = \frac{1}{\sqrt{2\pi}\sigma}\exp\left[-\frac{(t-u)^2}{2\sigma^2}\right] \qquad (t \geqslant 0, u > 0, \sigma > 0)$$

$$(1.1-15)$$

称寿命 T 服从正态分布，则有：

不可靠度函数为

$$F(t) = \int_0^t f(t) dt = \Phi\left(\frac{t-u}{\sigma}\right) \qquad (1.1-16)$$

可靠度函数为

$$R(t) = 1 - F(t) = 1 - \Phi\left(\frac{t-u}{\sigma}\right) \quad (1.1-17)$$

故障率函数为

$$\lambda(t) = \frac{f(t)}{R(t)} = \frac{\dfrac{1}{\sqrt{2\pi}\sigma}\exp\left[-\dfrac{1}{2}\left(\dfrac{t-u}{\sigma}\right)^2\right]}{1 - \Phi\left(\dfrac{t-u}{\sigma}\right)}$$

$$(1.1-18)$$

平均寿命为

$$\theta = u \quad\quad\quad (1.1-19)$$

可靠寿命为

令给定的可靠度为 R^*，则有 $1 - \Phi\left(\dfrac{t_r - u}{\sigma}\right) = R^*$

$$t_r = u + \sigma K_{1-R^*} \quad\quad (1.1-20)$$

式中，K_{1-R^*}——置信度为 $1 - R^*$ 的标准正态下侧分位数。可由表 1 查得。

（3）对数正态分布（Logarithmic Normal Distribution）

若产品的失效密度函数为

$$f(t) = \frac{1}{\sqrt{2\pi}\sigma t}\exp\left[-\frac{(\ln t - u)^2}{2\sigma^2}\right]$$

$$(t > 0, -\infty < u < +\infty, \sigma > 0) \quad (1.1-21)$$

称寿命 T 服从对数正态分布。则有：

表 1.1 - 1　标准正态分布下侧分位数 K_{1-R*}

$1 - R^*$	K_{1-R*}	$1 - R^*$	K_{1-R*}
0.45	-0.12566		
0.40	-0.25335	0.55	0.12566
0.35	-0.33532	0.60	0.25335
0.30	-0.52440	0.65	0.33532
0.25	-0.67449	0.70	0.52440
0.20	-0.84162	0.75	0.67449
0.15	-1.03643	0.80	0.84162
0.10	-1.28155	0.85	1.03643
0.05	-1.64485	0.90	1.28155
0.025	-1.95996	0.95	1.64485
0.01	-2.32635	0.975	1.95996
0.005	-2.57583	0.99	2.32635
0.001	-3.09023	0.995	2.57533
0.0005	-3.29053	0.999	3.09023
0.00001	-4.2650	0.9995	3.29053
0.000005	-5.0000		

不可靠度函数为

$$F(t) = \int_0^t f(t)\,de = \Phi\left(\frac{\ln t - u}{\sigma}\right) \qquad (1.1-22)$$

可靠度函数为

$$R(t) = 1 - \Phi\left(\frac{\ln t - u}{\sigma}\right) \qquad (1.1-23)$$

故障率函数为

$$\lambda(t) = \frac{\frac{1}{\sqrt{2\pi}\sigma t}\exp\left[-\frac{1}{2}\left(\frac{\ln t - u}{\sigma}\right)^2\right]}{1 - \Phi\left(\frac{\ln t - u}{\sigma}\right)} \qquad (1.1-24)$$

平均寿命为

$$\theta = e^{u + \frac{\sigma^2}{2}} \qquad (1.1-25)$$

可靠寿命为

$$t_r = e^u + \sigma K_{1-R^*} \qquad (1.1-26)$$

式中，K_{1-R^*}——置信度为 $1-R^*$ 的标准正态下侧分位数。

（4）威布尔分布（Weibull Distribution）

若产品的失效密度函数为

$$f(t) = \frac{m}{\eta} \left(\frac{t-\gamma}{\eta}\right)^{m-1} \exp\left[-\left(\frac{t-\gamma}{\eta}\right)^m\right]$$

$$(\gamma \leqslant t < +\infty, m > 0, \eta > 0, \gamma \geqslant 0) \qquad (1.1-27)$$

称寿命 T 服从威布尔分布，其中 m 为形状参数，η 为尺度参数，γ 为位置参数。则有：

不可靠度函数为

$$F(t) = 1 - \exp\left[-\frac{(t-\gamma)^m}{\eta}\right] \qquad (1.1-28)$$

可靠度函数为

$$R(t) = \exp\left[-\frac{(t-\gamma)^m}{\eta}\right] \qquad (1.1-29)$$

故障率函数为

$$\lambda(t) = \frac{m}{\eta}(t-\gamma)^{m-1} \qquad (1.1-30)$$

平均寿命为

$$\theta = \eta\Gamma\left(1 + \frac{1}{m}\right) \qquad (1.1-31)$$

16

式中，$\Gamma(1+1/m)$ 为伽马函数，可从常用数表中查得。

可靠寿命为

$$t_r = \eta(\ln R^*)\frac{1}{m} \qquad (1.1-32)$$

式中，R^*——给定的可靠度值。

（5）离散型分布

①二项分布（Binomial Distribution）

$$P(X=\theta) = c_n^\theta \, p^{n-\theta} \, q^\theta \qquad (1.1-33)$$

式中，n——独立重复试验次数；

θ——失败次数。

$$P(X \leqslant \theta) \sum_0^\theta c_n^\theta \, p^{n-\theta} \, q^\theta \qquad (1.1-34)$$

②泊松分布（Poisson Distribution）

$$P(X=\theta) = \frac{\mu^\theta \, e^{-\mu}}{\theta!} \qquad (1.1-35)$$

$$P(X \leqslant \theta) = \sum_0^\theta \frac{\mu^\theta \, e^{-\mu}}{\theta!} \qquad (1.1-36)$$

第二节　广义可靠性及其尺度

前面提到产品有不可维修和可维修之分。对于不可维修产品用第一节中的尺度来评价其可靠性。但对于可维修的产品，要用广义可靠性来描述。所谓广义可靠性，是指产品在其整个寿命周期内完成规定功能的能力，包括可靠性和维修性。

一、维修性（Maintainability）及其尺度

1. 维修（Maintenance）与维修性

维修的定义：维修是指为使产品保持或恢复到能完成规定功能的能力而采取的所有技术和管理措施。如保养、检查、故障定位、故障隔离、机件拆换、翻修、校准等都属于维修活动。

维修包括修复性维修和预防性维修。前者是指由于产生了故障而采取的使产品恢复到能完成规定功能的能力的各种活动，如故障的定位与隔离、产品的分解、机件代换等。后者是通过进行系统性的检查、监测及防止故障苗头等，力图保持产品能完成规定功能的能力而采取的各种活动。

维修性的定义：维修性是指产品在规定条件下，按照规定的程序和方法进行维修，保持或恢复到在规定条件下能完成规定功能的能力。也就是可维修产品日常维修的方便性、修理的易行性与恢复原有功能的可能性。良好的可维修性，可使产品便于维修，减少维修工时，节省维修费用。

2. 维修性主要指标

（1）维修度（Maintainability）

定义：产品在规定时间内，按照规定的程序和器材供应进行维修时，保持或恢复到在规定使用条件下能完成规定功能的概率。记为 $M(t)$。

由于产品故障或损坏情况不同，维修时间也各不相同，不是一个常量，而是服从某种统计分布的随机变量，因此维修度也是维修时间 t 的函数，亦称为维修度函数。如果用 T_R 表示产品维修所需的实际时间，用 t 表示任意时刻，则产品在该时间的维修度为

$$M(t) = P(T_R \leq t) \qquad (1.2-1)$$

如图 1.2-1 所示，显然 $M(t)$ 具有分布函数的性质：

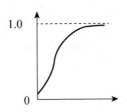

图 1.2-1　维修度函数

（1）$0 \leq M(t) \leq 1$；

（2）$M(0) = 0$；

（3）$M(\infty) = 1$；

（4）$M(t)$ 为非减函数。

同样，$M(t)$ 也可引入概率密度函数 $m(t)$（在可靠性中，称为维修密度函数）来描述，则有：

$$M(t) = \int_0^t m(t)\,dt \qquad (1.2-2)$$

$$或\ m(t) = \frac{dM(t)}{dt} \qquad (1.2-3)$$

（2）修复率（Repair Rate）

定义：修理时间已达到某个时刻尚未修复的产品，在该时刻后的单位时间内完成修理的概率，记为 $\mu(t)$。

$$\mu(t) = \lim_{\Delta t \to 0^+} \frac{P(t < T_R < t + \Delta t \mid T_R > t)}{\Delta t}$$

$$(1.2-4)$$

式中，T_R——为产品修复时刻；

$[t, t+\Delta t]$——时间间隔。

$\mu(t)$ 的单位为时间的倒数，一般用 1/小时表示。

根据概率乘法公式，上式可变为

$$\mu(t) = \frac{m(t)}{1 - M(t)} \qquad (1.2-5)$$

（3）平均修复时间（MTTR）

定义：平均修复时间就是修复时间的平均值，即全部维修时间总和除以维修工作的次数，记为 $MTTR$（Mean Time To Reparation）。可用下式求得：

$$MTTR = \sum_{i=1}^{n_T} \frac{t_i}{n_T} \qquad (1.2-6)$$

式中，n_T——统计维修次数；

t_i——每一次维修时间。

当维修函数为指数分布，即

$$m(t) = \mu e^{-\mu t} \qquad (1.2-7)$$

时，则有：

$$M(t) = \int_0^t m(t) dt = 1 - e^{-\mu t} \qquad (1.2-8)$$

$$\mu(t) = \frac{m(t)}{1 - M(t)} = \mu \qquad (1.2-9)$$

$$MTTR = \int_0^\infty t m(t) dt = \frac{1}{\mu} \qquad (1.2-10)$$

例 设有一台电子计算机，在一个月期间有 15 次修理活动，修理总停机时间为 1200 分钟，根据该设备以前的经验数据，修理时间为指数分布，在计算机公司与用户之间的保修合同中规定，凡出现 100 分钟以上的修理停机时间时，应向用户支付罚款，试求：

1. 平均修复时间 MTTR 和修复率 μ。

2. 100 分钟的维修度函数数值。

解：（1）$MTTR = \dfrac{\sum t_i}{n_T} = \dfrac{1200}{15} = 80$（分）

$\mu = \dfrac{1}{MTTR} = \dfrac{1}{80} = 0.0125$（1/分）

（2）$M(t) = 1 - e^{-0.0125t}$

$M(100) = 1 - e^{-0.0125 \times 100} = 0.71395$

二、可用性（Availability）及其尺度

1. 可用性的概念

定义：产品在规定条件下，在规定时刻或时间内，具有规定功能的能力。

从上面定义可知，可用性是综合了可靠性和维修性的广义可靠性。

2. 可用性的尺度

（1）瞬时可用度（Instantaneous Availability）

定义：可维修产品在任一时刻具有其规定功能的概率，记为 $A(t)$。

今定义如下二值函数：

$$s(t) = \begin{cases} 1 & \text{若产品在时刻 } t \text{ 正常工作} \\ 0 & \text{若产品在时刻 } t \text{ 发生故障} \end{cases} \qquad (1.2-11)$$

依瞬时可用度的定义，可知：

$$A(t) = P\{s(t) = 1\} \qquad (1.2-12)$$

（2）平均可用度（Mean Availability）

定义：可维修产品在规定时间内可用度的平均值，记为 $\overline{A}(t)$。

平均可用度与瞬时可用度的关系为

$$\overline{A}(t) = \frac{1}{t_2 - t_1}\int_{t_2}^{t_1}A(t)\,dt \qquad (1.2-13)$$

式中，$[t_1, t_2]$——为时间区间。

（3）极限可用度（Limiting Availability）

定义：当时间趋于无限时，瞬时可用度的极限值，也称稳态可用度，记为 A。

$$A = \lim_{t \to \infty}A(t) \qquad (1.2-14)$$

（4）固有可用度（Inherent Availability）

固有可用度是通过设计赋予产品的内在可用度，它仅受设计制约，是产品设计中考虑的一项技术指标，记为 A_i。

$$A_i = \frac{MTBF}{MTBF + MTTR} \qquad (1.2-15)$$

式中，$MTBF$，$MTTR$——同前。

（5）使用可用度（Operational Availability）

定义：是指产品在实际工作环境中，在规定条件下使用时，一旦需要，就能完成好工作的概率，记为 A_o。

$$A_o = \frac{MUT}{MUT + MDT} \qquad (1.2-16)$$

式中，MUT——平均能工作时间；

MDT——平均不能工作时间。

三、经济性及其尺度

可靠性水平的提高，常常受到经济指标的约束，提高产品的可靠性，则要增加研制和生产费用，也就是要增加用户的采购费用。但另一方面则使维修费用和停机损失减少。所以，从经济上看，产品存在一个最佳可靠度，即使产品寿命周期费用（包括研制费用和使用费用）为最少的可靠度。记为 R^*。如图 1.2 - 2 所示。

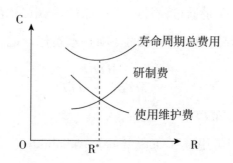

图 1.2 - 2 可靠度与费用的关系

第三节 结构可靠性及其尺度

目前在机械技术领域中广泛地采用可靠性理论和方法进行各种强度计算和安全系数分析，从而促进了产品性能技术的发

展，提高了产品质量，收到了较好的经济效益。本节扼要介绍
这方面的基本内容。

一、结构可靠度

机械结构、零件的失效与否，取决于所受的应力及本身的
强度。这里所说的应力和强度有广泛的含义。

应力表示导致失效的任何因素，包括机械应力、电压或由
温度引起的内应力等。

强度是指机械机构承受应力的能力，表示阻止失效发生的
任何因素。它包括硬度、机械强度、熔点等。

设结构所受的应力为 L，结构的强度为 S，$L < S$，结构是
安全的，不会出现故障。所以结构可靠度的定义是指结构强度
大于应力的概率，即：

$$R = P(S > L) = P(S - L > 0) \qquad (1.3-1)$$

如图 1.3 -1 所示，结构的应力和强度都不是固定不变的，
而是服从某一概率分布的。图中 $f(x_S)$ 表示强度分布概率密度，
$f(x_L)$ 表示应力分布的概率密度。图中的阴影部分称为应力强
度干涉区，它相当于失效概率。将此干涉区图形放大如
图 1.3 -2 所示。给定一应力 x_L，则应力落在 $[x_L - \dfrac{d x_L}{2}, x_L +$

$\dfrac{d x_L}{2}]$ 之间的概率为：

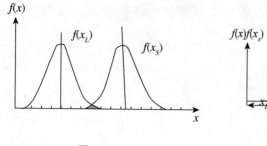

图 1.3 - 1 图 1.3 - 2

$$P\left(x_L - \frac{d\,x_L}{2} < x_L < x_L + \frac{d\,x_L}{2}\right) = f(x_L)\,d\,x_L$$

$$(1.3 - 2)$$

强度 x_S 大于应力 x_L 的概率：

$$P(x_S > x_L) = \int_{x_L}^{\infty} f(x_S)\,d\,x_S \qquad (1.3 - 3)$$

设应力和强度是相互独立的，则有应力位于 $\left[x_L - \frac{d\,x_L}{2}\right.$,

$\left. x_L + \frac{d\,x_L}{2}\right]$ 内，同时 $x_S > x_L$ 的概率，即应力在此区间内的结构

可靠度 dR 为：

$$dR = f(x_L)\,d\,x_L \cdot \int_{x_L}^{\infty} f(x_S)\,d\,x_S \qquad (1.3 - 4)$$

所以有结构可靠度（对于应力 S 所有的可能值，强度 L 均

大于应力 S 的概率）：

$$R = \int_{0}^{\infty} f(x_L)\left[\int_{x_L}^{\infty} f(x_S)\,d\,x_S\right]d\,x_L \qquad (1.3 - 5)$$

这就是结构可靠度的积分表示式。当$f(x_L)$和$f(x_S)$已知时，即可求得结构可靠度。

1. S 和 L 都是正态分布

$$f(x_L) = \frac{1}{\sqrt{2\pi}\,\sigma_L}\exp\left[-\frac{1}{2}\left(\frac{x_L-\mu_L}{\sigma_L}\right)^2\right] \quad (1.3-6)$$

$$f(x_S) = \frac{1}{\sqrt{2\pi}\,\sigma_S}\exp\left[-\frac{1}{2}\left(\frac{x_S-\mu_S}{\sigma_S}\right)^2\right] \quad (1.3-7)$$

式中，μ_L，μ_S——应力、强度的均值；

σ_L，σ_S——应力、强度的标准偏差。

$$令\quad Y = S - L \quad (1.3-8)$$

因为L、S都服从正态分布，所以Y也服从正态分布，且有：

$$\mu_y = \mu_s - \mu_L \quad (1.3-9)$$

$$\sigma_y = \sqrt{\sigma_S^2 + \sigma_L^2} \quad (1.3-10)$$

R = P（Y > 0）

$$= \int_0^\infty \frac{1}{\sqrt{2\pi}\sigma_y}\exp\left[-\frac{1}{2}\left(\frac{y-\mu_y}{\sigma_y}\right)\right]^2 dy \quad (1.3-11)$$

令$t = \dfrac{y-\mu_y}{\sigma_y}$，则有：

$$R = \frac{1}{\sqrt{2\pi}}\int_{-z}^\infty e^{-\frac{t^2}{2}} dt$$

$$= \frac{1}{\sqrt{2\pi}} \int_{-\infty}^{Z} e^{-\frac{t^2}{2}} dt \qquad (1.3-12)$$

$$= \Phi(z)$$

式中，$Z = \dfrac{\mu_S - \mu_L}{\sqrt{\sigma_S^2 + \sigma_L^2}}$，$Z$ 被称为可靠指数。

例 1　某发动机零件在正态分布的应力条件下工作强度亦为正态分布，且有：

μ_L = 2460 公斤力/平方厘米，σ_L = 281 公斤力/平方厘米

μ_S = 5765 公斤力/平方厘米，σ_S = 562 公斤力/平方厘米

求零件的可靠度。

解：依公式有：

$$Z = \frac{\mu_S - \mu_L}{\sqrt{\sigma_S^2 + \sigma_L^2}} = \frac{5765 - 2460}{\sqrt{562^2 + 281^2}} = 5.26$$

$$R = \Phi(Z) = \Phi(5.26)$$

查表或调入函数计算可得：$R = 0.97$。

2. S 和 L 都是指数分布

$$f(x_L) = \lambda_L e^{-\lambda_L x_L}$$

$$f(x_S) = \lambda_S e^{-\lambda_S x_S}$$

则有：

$$R = \int_0^{\infty} \lambda_L e^{-\lambda_L x_L} \left[\int_{x_L}^{\infty} \lambda_S e^{-\lambda_S x_S} d x_S \right] d x_L = \frac{\lambda_L}{\lambda_S + \lambda_L}$$

$$(1.3-13)$$

3. S 服从正态分布，L 服从指数分布

$$f(x_S) = \frac{1}{\sqrt{2\pi}\,\sigma_S}\exp\left[-\frac{1}{2}\left(\frac{x_S - \mu_S}{\sigma_S}\right)^2\right]$$

$$f(x_L) = \lambda_L\,e^{-\lambda_L x_L}$$

$$R = \int_0^\infty \lambda_L\,e^{-\lambda_L x_L}\int_{x_L}^\infty \frac{1}{\sqrt{2\pi}\,\sigma_S}\exp\left[-\frac{1}{2}\left(\frac{x_S - \mu_S}{\sigma_S}\right)^2\right]d\,x_S d\,x_L$$

$$= 1 - \Phi\left(-\frac{\mu_S}{\sigma_S}\right) - \exp\left[-\frac{1}{2}(2\mu_S\lambda_L - \lambda_L^2\sigma_S^2)\right]\cdot$$

$$\left[1 - \Phi\left(-\frac{\mu_S - \lambda_L\sigma_S^2}{\sigma_S}\right)\right] \qquad (1.3-14)$$

例 2 某零件的强度服从正态分布，$\mu_S = 100$ 兆帕，$\sigma_S = 10$ 兆帕，作用于零件的应力服从指数分布，$\lambda_L = \frac{1}{50}$ 兆帕，试求零件的可靠度。

解：依公式有：

$$R = 1 - \Phi\left(-\frac{100}{10}\right) - \exp\left\{-\frac{1}{2}\left[\frac{2 \times 100}{50} - \left(\frac{10}{50}\right)^2\right]\right\}\cdot$$

$$\left[1 - \Phi\left(-\frac{100 - 10^2/50}{10}\right)\right]$$

4. S 服从威布尔分布，L 服从正态分布

$$f(x_s) = \frac{m}{\eta}\left(\frac{x_s - \gamma}{\eta}\right)^{m-1}\exp\left[-\left(\frac{x_s - \gamma}{\eta}\right)^m\right]$$

$$f(x_L) = \frac{1}{\sqrt{2\pi}\,\sigma_L}\exp\left[-\frac{1}{2}\left(\frac{x_L - \mu_L}{\sigma_L}\right)^2\right]$$

$$R = \Phi\left(\frac{\gamma - \mu_L}{\sigma_L}\right) + \frac{C}{\sqrt{2\pi}}\int_0^\infty exp\left[-\mu^m - \frac{1}{2}(C\mu + A^2)\right]d\mu$$

$$(1.3 - 15)$$

式中，$C = \dfrac{\eta}{\sigma_L}$;

$A = \dfrac{\gamma - \mu_L}{\sigma_L}$ 。

5. S 和 L 都服从威布尔分布

$$f(x_S) = \frac{m_S}{\eta_S}\left(\frac{x_S - \gamma_S}{\eta_S}\right)^{m_S-1}\exp\left[-\left(\frac{x_S - \gamma_S}{\eta_S}\right)^{m_S}\right]$$

$$f(x_L) = \frac{m_L}{\eta_L}\left(\frac{x_L - \gamma_L}{\eta_L}\right)^{m_L-1}\exp\left[-\left(\frac{x_L - \gamma_L}{\eta_L}\right)^{m_L}\right]$$

$$R = 1 - \int_0^\infty e^{-u}\exp\left[-\left(\frac{\eta_S}{\eta_L}u^{\frac{1}{m_s}} + \frac{\gamma_s - \gamma_L}{\eta_L}\right)^{m_L}\right]du$$

$$u = \left(\frac{x_L - \gamma_L}{\eta_L}\right)^{m_L} \qquad (1.3 - 16)$$

二、可靠性安全系数（Reliability Safety Factor）

定义：假定产品的强度 S 和应力 L 均为随机变量，分别给定值 P_s 和 P_L 或给定产品的可靠度所求出的安全系数，称为可靠性安全系数，记为 n_R。

$$n_R = \frac{S_{min}(P_s)}{L_{max}(P_L)} \qquad (1.3-17)$$

式中，$S_{min}(P_s)$ ——与 P_s 相对应的强度最小值；

$L_{max}(P_L)$ ——与 P_L 相对应的应力最大值。

当给定 $P_s = 0.95$，$P_L = 0.99$，如果 S 和 L 均服从正态分布，则有：

$$n_R = \frac{S_{min}(0.95)}{L_{max}(0.99)} = \frac{(1-1.65\,C_s)\,\mu_s}{(1+2.33\,C_L)} \qquad (1.3-18)$$

式中，C_s ——强度变异系数，$C_s = \frac{\sigma_s}{\mu_s}$；

C_L ——应力变异系数，$C_L = \frac{\sigma_L}{\mu_L}$。

例3　某零件应力和强度均服从正态分布，且有 $\mu_s = 820$ 兆帕，$\sigma_s = 80$ 兆帕，$\mu_L = 350$ 兆帕，$\sigma_L = 40$ 兆帕，求可靠性安全系数。

解：$C_s = \frac{\sigma_s}{\mu_s} = \frac{80}{820} = 0.9756$

$C_L = \frac{\sigma_L}{\mu_L} = \frac{40}{350} = 0.114286$

$n_R = \frac{(1-1.65 \times 0.09756) \times 820}{(1+2.33 \times 0.114286) \times 350} = 1.55235$

第二章

系统可靠性模型

第一节　系统可靠性模型

　　系统是一个能够完成规定功能的综合体，它由若干彼此相关、按一定方式联结的单元组成。系统的可靠性不仅取决于组成系统各单元的可靠性，而且也取决于单元间的相互联结关系。为了便于对系统进行可靠性预测，首先讨论各单元在系统中的相互关系。

　　在可靠性工程中，常用可靠性系统逻辑图表示系统各单元之间的功能可靠性关系。逻辑图中每个方框代表系统的一个单元、方框之间用短线联结。如图 2.1-1（a）所示，在电气系统中将几个电容器并联使用，由于电容器主要失效为短路，任何一个电容器短路都会使系统短路而失效，所以其可靠性逻辑图应为电容器功能的串联系统，如图2.1-1（b）所示。

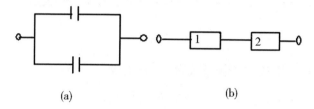

图2.1-1 电容器系统

（a）物理结构图；（b）可靠性逻辑图

同样，有一些单元，在系统结构图中是串联的，而它们的可靠性逻辑图却是并联系统。如为防止液体倒流，在液压系统中设有两个单向阀，如图2.1-2（a）所示。从功能关系看用一个单向阀即可，用两个是储备，其可靠性逻辑图如图2.1-2（b）所示。

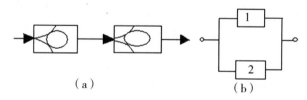

图2.1-2 单向阀系统

（a）物理结构图；（b）可靠性逻辑图

逻辑图的作用，一是反映单元之间的功能关系，二是为了计算系统的可靠度提供数学模型。

第二节　串、并联系统可靠性模型

为了简化数学模型作如下三条假设：

系统和单元只有正常和失效两种状态；

系统所含的各单元失效是独立的；

系统所含单元的寿命服从指数分布。

一、串联系统

定义：组成系统的所有单元中的任意一单元失效，就会导致整个系统失效的系统。其可靠性框图如图 2.2 – 1 所示。

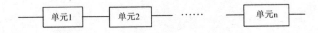

图 2.2 – 1　串联系统可靠性框图

数学模型为

$$R_s(t) = \prod_{i=1}^{n} R_i(t) \qquad (2.2 - 1)$$

式中，$R_s(t)$ ——系统的可靠度；

$R_i(t)$ ——单元 i 的可靠度；

n ——组成系统的单元数。

根据假设 3，有：$R_i(t) = e^{-\lambda_i t}$，则

$$R_s(t) = e^{-(\sum\limits_{i=1}^{n} \lambda_i) \cdot t} \qquad (2.2-2)$$

令 $\qquad\qquad \lambda_s = \sum\limits_{i=1}^{n} \lambda_i$

则有 $\qquad\qquad R_s(t) = e^{-\lambda_s t} \qquad (2.2-3)$

可见串联系统中各单元的寿命为指数分布时，系统的寿命也为指数分布，且系统失效率为各单元失效率之和。

系统平均无故障工作时间 $MTTFs$ 是

$$MTTFs = \frac{1}{\lambda_s} = \frac{1}{\sum \lambda_i} \qquad (2.2-4)$$

由于 $0 \leqslant R_i(t) \leqslant 1$，所以 $R_s(t)$ 随单元数的增加而降低，且系统可靠度总是小于系统中任一单元的可靠度。

二、并联系统

定义：组成系统的所有单元都失效，系统才失效的系统。其可靠性框图如图 2.2-2 所示。

数学模型为

$$R_s(t) = 1 - \prod_{i=1}^{n} [1 - R_i(t)] \qquad (2.2-5)$$

式中，$R_s(t)$ ——系统可靠度；

$R_i(t)$ ——第 i 单元可靠度。

当 $R_1 = R_2 = \cdots = R_n$ 时，则

$$R_s = 1 - (1 - R)^n \qquad (2.2-6)$$

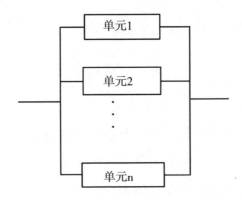

图 2.2 - 2　并联系统可靠性框图

表 2.2 - 1 所列为当单元取不同 R 值及 $n = 2$，3，4，5 时的系统可靠度 R_s 值。

表 2.2 - 1　并联系统可靠度与并联单元数及单元可靠度的关系

n	R_s				
	R = 0.60	R = 0.70	R = 0.80	R = 0.90	R = 0.95
2	0.8400	0.9100	0.9600	0.9900	0.9975
3	0.9360	0.9730	0.9920	0.9990	0.999875
4	0.9744	0.9919	0.9984	0.9999	0.99999375
5	0.9898	0.9976	0.9997	0.99999	0.999999687

根据假设 3，且令各单元的失效率均为 λ，则有

$$R_s(t) = 1 - (1 - e^{-\lambda t})^n \qquad (2.2 - 7)$$

平均无故障工作时间 $MTBFs$ 为

$$MTBFs = \int_0^\infty R_s(t)\,dt = \frac{1}{\lambda} + \frac{1}{2\lambda} + \cdots + \frac{1}{n\lambda} \qquad (2.2 - 8)$$

由于 $0 \le 1 - R_i(t) \le 1$，所以并联单元数越多，则系统可

靠度越大。

三、混联系统

系统各单元构成非单纯串联或非单纯并联的关系，是由串联部分子系统和并联部分子系统组合而成的。下面介绍两种典型的混联系统。

1. 串并联系统。先串联后并联，其可靠性框图如图2.2 - 3 所示。

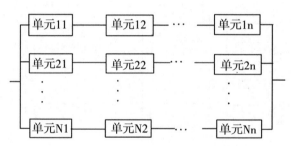

图 2.2 - 3　串联系统可靠性框图

若每一单元的可靠度相同，则数学模型为

$$R_{sp}(t) = 1 - [1 - R^n(t)]^N \qquad (2.2 - 9)$$

式中，$R_{sp}(t)$ ——系统的可靠度；

$R(t)$ ——单元的可靠度；

$n \times N$ ——系统单元组成。

令 $N = 2$，并根据假设3，则有：

$$R_{sp}(t) = e^{-n\lambda t}(2 - e^{-n\lambda t}) \qquad (2.2 - 10)$$

$$MTTFsp = \frac{3}{2}(n\lambda)^{-1} \qquad (2.2-11)$$

2. 并串联系统。先并联后串联，其可靠性框图如图 2.2 - 4 所示。

数学模型为

$$R_{ps}(t) = \{1-[1-R(t)]^N\}^n \qquad (2.2-12)$$

式中，$R_{ps}(t)$ ——并串联系统可靠度；

$R(t)$ ——单元可靠度；

$n \times N$——系统单元的组成。

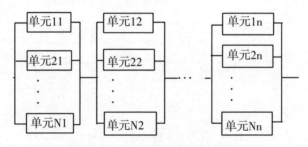

图 2.2 - 4　并串联系统可靠性框图

3. 一般混联系统

对于一般混联系统，如图 2.2 - 5（a）所示，可用串联和并联原理，将混联系统中的串联和并联部分简化成等效单元，即子系统，如图 2.2 - 5（b）、（c）所示。

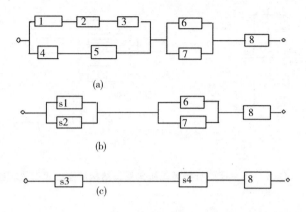

图 2.2-5 混联系统逻辑图及其等效逻辑图

　　利用串联和并联的可靠度计算公式求出子系统的可靠度，然后将每个子系统作为一个等效单元，得到一个与混联系统等效的串联或并联系统，即可求得整个系统的可靠度。

　　例　2K-H 型行星齿轮机构的简图如图 2.2-6（a）所示，如果太阳轮 c，行星轮 k 及齿圈 b 的可靠性分别为 $R_c = 0.995, R_{k1} = R_{k2} = R_{k3} = 0.999, R_b = 0.992$，且任一零件的失效是独立事件，求行星齿轮机构的可靠度 R_s。

　　解： 因为有一个行星轮不发生失效，则该行星轮子系统就能正常工作，故 3 个行星轮之间的功能关系为并联。系统的逻辑图如图 2.2-6（b）所示，是一个串并联系统。

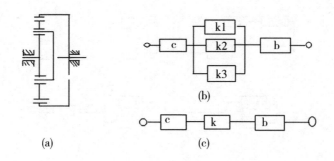

图 2.2 - 6   2K - H 型行星齿轮机构系统结构简图、系统逻辑图

第三节 r/n 表决系统

定义：组成系统的 n 个单元中，至少有 r 个正常才能正常工作的系统，称为 r/n 表决系统，其可靠性框图如图 2.3 - 1 所示。

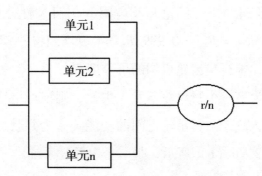

图 2.3 - 1 r/n 表决系统可靠性框图

在各单元可靠度 R（t）相同条件下，其数学模型为

$$R_s(t) = \sum_{i=r}^{n} \binom{n}{i} R^i(t) \left[1 - R(t) \right]^{n-i} \qquad (2.3-1)$$

式中，$R_s(t)$——系统可靠度；

$R(t)$——单元可靠度；

n——系统所包含单元数；

r——使系统正常工作必需的最少单元数。（$r < n$）

若各单元的寿命服从指数分布，则

$$R_s(t) = \sum_{i=r}^{n} \binom{n}{i} e^{-i\lambda t} \left(1 - e^{-\lambda t} \right)^{n-i} \qquad (2.3-2)$$

系统的平均寿命为

$$MTBF_s = \int_0^{\infty} R_s(t) dt = \sum_{i=r}^{n} \frac{1}{i\lambda} \qquad (2.3-3)$$

式中，$MTBF_s$——系统平均故障间隔时间；

λ——单元的失效率。

从式中可以看出，当 $r = 1$ 时，即为简单并联系统。当 $r = n$ 时即为串联系统。进一步比较式（2.3－3）和式（2.2－8）容易看出，r/n 系统的 $MTBF_s$ 数值要比简单并联系统的小。

表决系统的一种特殊情况是"多数表决系统"，它是指系统 n 个（n 必须为奇数，可用 $2m+1$ 表示）单元中，多数单元（即至少 $m+1$ 个单元）正常才能正常工作的系统。即 $m+1/2m+1$ 系统。

2/3 系统是一种最常用的多数表决系统。有式（2.3 - 4）、式（2.3 - 5）：

$$R_s(t) = 3e^{-2\lambda t} - 2e^{-3\lambda t} \qquad (2.3 - 4)$$

$$MTBF_s = \frac{5}{6} \cdot \frac{1}{\lambda} \qquad (2.3 - 5)$$

其可靠度函数如图 2.3 - 2 所示，由式（2.3 - 5）可知，2/3 表决系统的平均寿命反而比单元平均寿命低 1/6，但这种系统对于短期任务时间（一般工作时间在单元的平均寿命之前，即图上 t^* 之前）的可靠度有显著的提高。

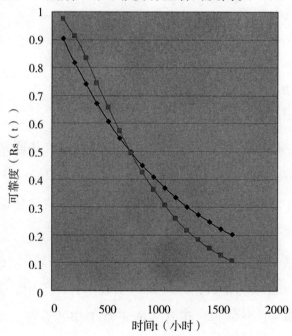

图 2.3 - 2 2/3 表决系统及单元可靠度

第四节 旁联系统

定义：组成系统的 n 个单元中只有一个单元工作，当工作单元失效时，通过失效监测和转换装置（K）接到另一单元进行工作的系统。其可靠性框图如图 2.4－1 所示。

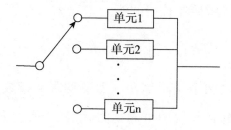

图 2.4－1 旁联系统

假设组成系统的 n 个单元相同，且寿命均服从指数分布，失效监测和转换装置 K 的可靠度为 1，则其数学模型为

$$R_s(t) = e^{-\lambda t}\left[1 + \lambda t + \frac{(\lambda t)^2}{2!} + \cdots + \frac{(\lambda t)^{n-1}}{(n-1)!}\right]$$

$$(2.4－1)$$

式中，$R_s(t)$——系统的可靠度；

n——系统的单元数；

λ——单元的失效率。

系统的平均寿命为为

$$MTBF_S = \int_0^\infty R_s(t)\,dt = \frac{n}{\lambda} \qquad (2.4-2)$$

若旁联系统由两个不同的单元组成（$R_1 = e^{-\lambda_1 t}$, $R_2 = e^{-\lambda_2 t}$），监测和转换装置的可靠度为1，则其数学模型为

$$R_s(t) = e^{-\lambda_1 t} + \frac{\lambda_1}{\lambda_1 - \lambda_2}(e^{-\lambda_2 t} - e^{-\lambda t_1}) \qquad (2.4-3)$$

系统平均无故障工作时间为

$$MTBF_S = \int_0^\infty R_s(t)\,dt = \frac{1}{\lambda_1} + \frac{1}{\lambda_2} \qquad (2.4-4)$$

当系统是由两个相同单元（寿命均服从指数分布）组成，其失效监测及转换装置的可靠度为 R_D 时，假设 K 与备用单元有关而不影响工作单元的工作，其数学模型为

$$R_s(t) = e^{\lambda t}(1 + R_D \cdot \lambda t) \qquad (2.4-5)$$

当系统是由两个不同单元（寿命服从指数分布）组成，K 的可靠度为 R_D 时，其数学模型为

$$R_s(t) = e^{-\lambda_2 t}\left[1 + R_D \cdot \frac{\lambda_2}{\lambda_1 - \lambda_2}(1 - e^{(\lambda_2 - \lambda_1)t})\right]$$

$$(2.4-6)$$

旁联系统的优点是能大大提高系统的可靠度，如图 2.4-2 所示。但是，由于失效监测及转换装置增加了系统的复杂度，要求失效监测及转换装置的可靠度非常高。一般要求它的不可

靠度 F_D 必须小于单个不可靠度的 50%，否则将使储备的益处受到限制。

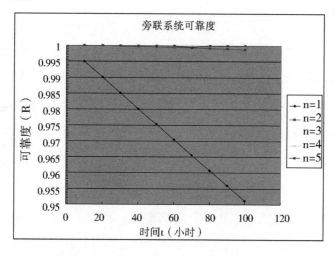

图 2.4 - 2 旁联系统可靠度

第五节 网络系统

前面我们已经介绍了几种典型的可靠性模型。除此之外，在实际工作中我们还会遇到一类复杂的网络系统。对于它，不能简化为简单的串、并联等典型的可靠性模型，需要用一些专用的方法来分析。本节介绍这些专用的方法。

一、布尔真值表法（部件状态列表穷举法）

基本原理：假设系统和部件只有两种状态，完好状态和失效状态。N 个部件组成的系统则具有 2^n 种部件状态组合，分别对应着系统完好和失效两种状态，将所有部件状态组合列举出来，并确定对应的系统状态，因为 2^n 种部件状态组合是互斥的，则系统的可靠度（完好概率）就是导致系统完好的诸状态的概率和。

例 1　如图 2.5 – 1 所示网络系统，由 A、B、C、D、E 五个单元组成。$R_A = R_B = 0.8, R_C = R_D = 0.75, R_E = 0.9$。规定系统有输入节点 1 和输出节点 2，一些单元工作而使输入与输出节点之间有一条通路则称系统工作，否则就是系统失效。求该网络系统的可靠度。

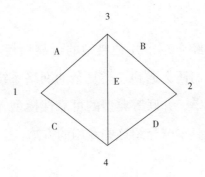

图 2.5 – 1　网络系统

　　解：$n = 5$，则系统单元状态组合有 $2^5 = 32$ 种，令单元和系统的完好状态为 1，失效状态为 0，所有 32 种状态穷举出来列成表 2.5 −1，这便是布尔真值表。

表 2.5 −1　布尔真值表

序号	A	B	C	D	E	系统工作或失效	S_i 或 F_i	正常概率
1	0	0	0	0	0	0	$F_1 = F_A F_B F_C F_D F_E$	0
2	0	0	0	0	1	0	$F_2 = F_A F_B F_C F_D R_E$	0
3	0	0	0	1	0	0	$F_3 = F_A F_B F_C R_D F_E$	0
4	0	0	0	1	1	0	$F_4 = F_A F_B F_C R_D R_E$	0
5	0	0	1	0	0	0	$F_5 = F_A F_B R_C F_D F_E$	0
6	0	0	1	0	1	0	$F_6 = F_A F_B R_C F_D R_E$	0
7	0	0	1	1	0	1	$S_1 = F_A F_B R_C R_D F_E$	0.00225
8	0	0	1	1	1	1	$S_2 = F_A F_B R_C R_D R_E$	0.02025
9	0	1	0	0	0	0	$F_7 = F_A R_B F_C F_D F_E$	0
10	0	1	0	0	1	0	$F_8 = F_A R_B F_C F_D R_E$	0
11	0	1	0	1	0	0	$F_9 = F_A R_B F_C R_D F_E$	0

序号	A	B	C	D	E	系统工作或失效	S_i 或 F_i	正常概率
12	0	1	0	1	1	0	$F_{10} = F_A R_B F_C R_D R_E$	0
13	0	1	1	0	0	0	$F_{11} = F_A R_B R_C F_D F_E$	0
14	0	1	1	0	1	1	$S_3 = F_A R_B R_C F_D R_E$	0.022
15	0	1	1	1	0	1	$S_4 = F_A R_B R_C R_D F_E$	0.028
16	0	1	1	1	1	1	$S_5 = F_A R_B R_C R_D R_E$	0.050
17	1	0	0	0	0	0	$F_{12} = R_A F_B F_C F_D F_E$	0
18	1	0	0	0	1	0	$F_{13} = R_A F_B F_C F_D R_E$	0
19	1	0	0	1	0	0	$F_{14} = R_A F_B F_C R_D F_E$	0
20	1	0	0	1	1	1	$S_6 = R_A F_B F_C R_D R_E$	0.02
21	1	0	1	0	0	0	$F_{15} = R_A F_B R_C F_D F_E$	0
22	1	0	1	0	1	0	$F_{16} = R_A F_B R_C F_D R_E$	0
23	1	0	1	1	0	1	$S_7 = R_A F_B R_C R_D F_E$	0.0025
24	1	0	1	1	1	1	$S_8 = R_A F_B R_C R_D R_E$	0.05
25	1	1	0	0	0	1	$S_9 = R_A R_B F_C F_D F_E$	0.021
26	1	1	0	0	1	1	$S_{10} = R_A R_B F_C F_D R_E$	0.037
27	1	1	0	1	0	1	$S_{11} = R_A R_B F_C R_D F_E$	0.05
28	1	1	0	1	1	1	$S_{12} = R_A R_B F_C R_D R_E$	0.086
29	1	1	1	0	0	1	$S_{13} = R_A R_B R_C F_D F_E$	0.05
30	1	1	1	0	1	1	$S_{14} = R_A R_B R_C F_D R_E$	0.086
31	1	1	1	1	0	1	$S_{15} = R_A R_B R_C R_D F_E$	0.113
32	1	1	1	1	1	1	$S_{16} = R_A R_B R_C R_D R_E$	0.201

表中 F_i 代表五个单元的状态组合后使系统失效的概率，S_i 代表五个单元状态组合后使系统完好的概率，则系统的可靠度为

$$R_s = \sum_{i=1}^{m} S_i = \sum_{i=1}^{16} S_i = 0.9791$$

式中，S_i——系统的可靠度；

m——使系统完好的状态数。

布尔真值表法较直观、易懂，但当系统的部件数 n 比较大时就太烦琐了。因而适合构成系统部件数 n 不算太多（$n \leqslant 6$），而且很难建立系统可靠性数学模型的系统。但当系统的单元数 n 较大时，计算量较大，可应用计算机辅助进行。

二、概率图法

1. 概率图

系统的 2^n 种部件状态组合可用 n 位二进制数来表示，并可用如图 2.5－2 的图形形象地表示。

图 2.5－2 称为概率图，其特点是表示的二进制数不是按其大小顺序排列的而是按 Gray（格雷）码排列。下面介绍如何将二进制数转换成相应的 Gray 码。

设有 n 位二进制数，先由小到大排列，然后转换为相应的

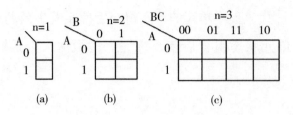

图 2.5 – 2　概率图

格雷码。转换规则为

令 n 位二进制为 b_1，b_2，b_3，$\cdots$，b_n，相应的 Gray 码为 c_1，c_2，c_3，$\cdots$，c_n

则有：$c_1 = b_1$

$$c_i = \begin{cases} 1 & b_i \neq b_i - 1 \\ 0 & b_i = b_i - 1 \end{cases} \quad (i = 2,3,\cdots,b_n) \quad (2.5 - 1)$$

例 2　二位二进制数由小到大排列为

00　01　10　11

然后按上述规则求出所对应的 Gray 码为

00　01　11　10

Gray 码有一重要特点，就是相邻两组码必有也只有一个码不同。

根据上述规则就可以得到系统部件数为 n 的概率图。如图 2.5 – 3 为 n = 4 的概率图。

概率图中，每一个小方格表示一个 n 位的二进制数，也就是表示系统 n 个部件的一种状态组合，如图 2.5 – 3 中标 "＊" 的小方格，其二进制数 0101，表示部件状态组合为 $\overline{A}B\,\overline{C}D$，其

50

概率为 $P(\overline{AB}\,\overline{CD}) = F_A R_B F_C R_D$。图中 2^n 个小方格代表 n 个部件的可能状态的组合。

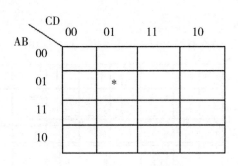

图 2.5 – 3 $n = 4$ 的概率图

概率图的特征：

（1）任意相邻的小方格的数码，仅在一个数位上有差别。

（2）以图中两条互相垂直的中心线为对称轴，则与轴对称的两个小方格也仅在一个数位上有差别。

2. 用概率图法求系统的可靠度

用概率图法求系统的可靠度程序：

（1）作概率图；

（2）在概率图上把表示系统正常工作的小方格均标上 1；

（3）把标有 1 的小方格划分为一些不重迭的方块；

（4）求方块的概率；

（5）求系统的可靠度，即方块的概率和。

例 3 用概率图法求图 2.5 – 4 所示网络系统的可靠度，其

中 $R_A = R_B = 0.8$，$R_C = R_D = 0.7$，$R_E = 0.66$。

解：系统元件数 $n = 5$，其概率图如图 2.5 -4 所示。

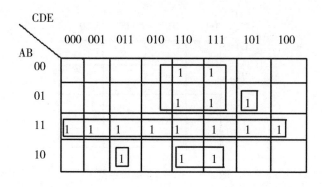

图 2.5 -4

然后，在对应于系统正常工作的小方格上标上 1，再把标有 1 的方格划成如图所示的方块，用 S 代表系统能正常工作这一事件，则

$$S = AB + \overline{A}CD + A\,\overline{B}CD + A\,\overline{B}\,\overline{C}DE + \overline{A}BC\,\overline{D}E$$

由于它们是不交和，且各部件是互相独立的，所以系统可靠度 R_s 为

$$R_S = P(s) = R_A R_B + F_A R_C R_D + R_A F_B R_C R_D$$
$$+ R_A F_B F_C R_D R_E + F_A R_B R_C F_D R_E$$
$$= 0.861$$

这里需要进一步指出的是，方块划分的方式不是唯一的，但其结果是等效的。

三、全概率分解法

概率论中全概率公式：设试验 E 的样本空间为 S，A 为 E 的事件，B_1，B_2，$\cdots$，B_n 为 S 的一个划分，且 $P(B_i) > 0$（$i = 1$，2，$\cdots$，n），则有：

$$P(A) = P(B_1)P(A \mid B_1) + P(B_2)P(A \mid B_2) + \cdots + P(B_n)P(A \mid B_n)$$

设 S 表示网络系统 S 正常这一事件，X 表示弧（网络中两节点间的连线）X 正常这一事件，$\bar{X}$ 表示 X 失效。按全概率公式，则有：

$$R_S = P(S) = P(X)P(S \mid \bar{X}) + P(\bar{X})P(S \mid \bar{X})$$

$$(2.5 - 2)$$

式中，$S \mid X$——在弧 X 正常的条件下 S 正常这一事件；

$S \mid \bar{X}$——在弧 X 失效的条件下 S 正常这一事件。

在网络中，将弧 X 去掉后（弧 X 之二端节点不汇点）得到一个新的子网络，记为 $S(\bar{X})$。

在网络中，将弧 X 的两节点合而为一之后得到另一新的网络，记为 $S(X)$。

如果所选的弧能使

$$P(S \mid X) = P\{S(X)\} \qquad (2.5 - 3)$$

$$P\{S \mid \bar{X}\} = P\{S(\bar{X})\} \qquad (2.5 - 4)$$

成立，则有：

$$R_S = P(S) = P(X)P\{S(X)\} + P(\overline{X})P\{S(\overline{X})\}$$

$$(2.5 - 5)$$

若弧 X 能使上式成立，则该弧能用来进行全概率分解，将非串并联复杂网络化简。经过反复选择这样的弧进行简化，最后可以化为一般串并联系统，从而计算出系统的可靠度。

用来进行全概率分解的弧，称为分解弧。其选取规则如下：

（1）任一无向弧都可以作为分解弧；

（2）任一有向弧，若其两端节点中至少有一端节点只有流出弧（或只有流入弧），可作为分解弧。

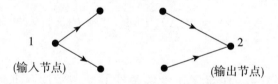

图 2.5 – 5　与输入（出）节点相连的弧

又如图 2.5 – 6 的弧可作为分解弧。

例 4　用全概率分解法求图 2.5 – 7 网络的可靠度。设 $R_A = R_B = 0.8$，$R_C = R_D = 0.7$，$R_E = 0.68$。

解：选无向弧 X 作为分解弧，则有：

S（E）为

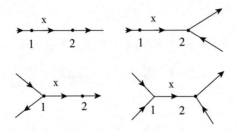

图 2.5 - 6　中间弧

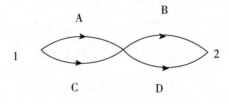

图 2.5 - 7　S (E)

$$S(E) = AB \cup AD \cup CD \cup CB$$

$S(\overline{E})$ 为

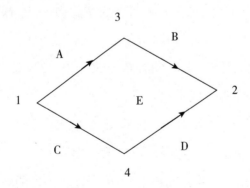

图 2.5 - 8　S ($\overline{E}$)

$$S(\overline{E}) = AB \cup CD$$

又由于

$$S \mid E = AB \cup AD \cup CD \cup CB$$
$$S \mid \bar{E} = AB \cup CD$$

故有：

$$P(S) = P(E)P\{S(E)\} + P(\bar{E}) \cdot P\{S(\bar{E})\}$$

图 2.5 - 7 为并串联模型，有：

$$P\{S(E)\} = (R_A + R_C - R_A R_C)(R_B + R_D - R_B R_D)$$
$$= [1 - (1 - R_A)(1 - R_C)] \cdot$$
$$[1 - (1 - R_B)(1 - R_D)]$$
$$= 0.8836$$

图 2.5 - 8 为串并联模型，有：

$$P\{S(E)\} = R_A R_B + R_C R_D - R_A R_B R_C R_D$$
$$= 1 - (1 - R_A R_B)(1 - R_C R_D)$$
$$= 0.8164$$

$$R_S = P(S) = 0.68 \times 0.8836 + 0.32 \times 0.8164$$
$$= 0.8621$$

例5　如图 2.5 - 1 中的弧 E 不是无向弧，而是有向弧，如图 2.5 - 9 所示。E 是否还可作为分解弧？

解：对于有向弧，能作为分解弧的条件是两端节点中至少有一端节点只有流入弧（或流出弧），从图 2.5 - 9 可以看到节点 3、节点 4 是 E 的两端节点，节点 3 和节点 4 都既有流入弧，又有流出弧，不符合作为分解弧的条件，不能作为分解弧。

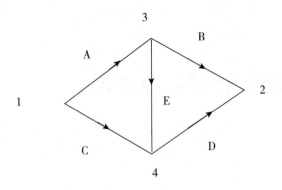

图 2.5 – 9　有向网络

这是因为如果选 E 作为分解弧，显然：

$$S|(\overline{E}) = S(\overline{E})$$

但由于

$$S \mid E = AB \cup AD \cup CD$$

$$S(E) = AB \cup AD \cup CD \cup CB$$

所以，$S(E) \neq S|E$，不能利用式（2.5 – 5）来求网络的可靠度，因为当构成子网络 $S（E）$ 时，节点 3、节点 4 合并后，就无法辨别弧 E 原来的方向性，即把单向弧曲解为双向弧，从而就多出一条边 CB，使得 $S|E \neq S（E）$。

第三章

系统可靠性预计和分配

第一节　可靠性预计

一、可靠性预计的概念和目的

1. 可靠性预计的概念

定义：可靠性预计是指在系统投入使用之前，根据使用条件对系统及其单元可靠性特征量所作的定量估计。

系统可靠性是根据组成系统的元件、部件、分系统的可靠性来推测的，因而可靠性预计是一个由局部到整体，由小到大，由下到上的综合过程。

2. 预计的目的

预计的主要目的是估计系统、分系统或设备的可靠性，并确定所提出的设计是否能达到可靠性要求。

（1）在设计阶段，通过预计了解可靠性是否满足设计要求。

（2）比较设计，选择最优方案。

（3）通过预计，找出设计中的薄弱环节，加以改进。

（4）为可靠性增长试验、验证试验及成本核算等的研究提供依据。

（5）为可靠性分配奠定基础。

二、元器件计数可靠性预计法

1. 适应范围

电子设备投标和设计的早期阶段。

2. 所需信息

（1）通用元器件的种类和数量；（2）元器件的失效率及质量等级；（3）设备环境。

3. 基本步骤及计算公式

先计算设备中各种型号和各种类型的元器件数目，然后再乘以相应型号或相应类型元器件的基本失效率，最后把各乘积

累加，即得到系统的失效率。其通用公式为

$$\lambda_s = \sum_{i=1}^{N} n_i \lambda_{Gi} \pi_{Gi} \qquad (3.1-1)$$

式中，λ_s——系统的失效率；

　　λ_{gi}——第 i 种元器件的失效率；

　　π_{Gi}——第 i 种元器件的质量等级；

　　n_i——第 i 种元器件的数量；

　　N——系统所用元器件的种类数。

若整个系统的各设备在同一环境下工作，则可直接用上式计算。若各设备分别在不同环境下工作，则要对 λ_G 作修正（乘上环境因子 π_E）。

4. 优缺点

（1）优点：使用现有工程信息，可迅速地估算出该系统的失效率。

（2）缺点：预测的精度较差，一般情况下偏于保守。

三、元器件应力分析可靠性预计法

当设计基本完成，并具备了附有元器件应力数据的元器件清单时，适合采用本方法。

这里以分立半导体器件为例说明该方法的使用。

分立半导体器件（包括晶体管及二极管）失效模型为

$$\lambda_p = \lambda_b(\pi_E\pi_Q\pi_A\pi_{S_E}\pi_R\pi_C) \qquad (3.1-2)$$

式中，λ_p——元器件工作失效率；

λ_b——元器件基本失效率，是电应力及温度应力的函数；

π_E——环境系数；

π_Q——质量系数；

π_A——应用系数（指不同应用场合，如二极管用于逻辑开关）；

π_{S_E}——电压应力系数（S_E＝外加电压/额定电压）；

π_R——额定系数；

π_c——种类系数或结构系数。

基本失效率 λ_b 为

$$\lambda_b = Ae^{\frac{N_T}{T+273+S\cdot\Delta T}}e^{\frac{T+273+s\cdot\Delta T}{T_M}} \qquad (3.1-3)$$

式中，A——故障水平调整参数；

N_T、P——形状参数；

T_M——$p-n$结电流或功率时最高允许温度；

T——工作环境温度或带散热片功率器件的管壳温度（℃）；

ΔT——满额时最高允许温度 T_S 与 T_M 的差值；

S——工作电应力/额定电应力。

A、N_T、P、T_M、ΔT 是常数，不同的晶体管其值不同，如

表 3.1 - 1 所示。

表 3.1 - 1 半导体分立元件的基本故障参数

分类号	元器件种类		基本故障参数				△T
			A	N_T	P	T_M	
I	晶体管	硅：NPN	20	-1043	12	48	150
		硅：NPN	84	-1254	12.4	448	150
		锗：PNP	951	-2132	23.6	373	75
		锗：PNP	3220	-2221	19	373	75
II	场效应管		62.5	-1162	13.8	448	150
III	单结		550	-1179	13.8	448	150
IV	二极管	通用硅	74	-2138	17.7	448	150
		通用锗	24925	-3598	22.5	373	75
V	稳压，电压基准		3.8	-800	14	398	150
VI	可控硅		307	-2050	17.8	398	100
VII	微波	硅检波	10	-392	16.8	428	125
		锗检波	23	-477	15.6	343	45
		硅混频	13	-364	15.5	423	125
		锗混频	38	-477	15.6	343	45
VIII	变容、阶跃、隧道体效应与 PIN		59	-1162	13.8	448	150

四、上下限法

上下限法常用于复杂的可靠性预测。

它的基本思路是，由于系统的复杂性，计算其可靠度的真值比较困难，于是设法预计两个近似值，一个是可靠度上限 R_u，一个是可靠度下限 R_L，然后取上下限的几何平均值作为系统可靠度的预计值 R_s，所以问题变成如何既方便又较精确地预计上下限值。

设系统有 n 个单元，则有 2^n 个单元状态组合。其中，一部分使系统失效，出现失效状态的概率之和为系统的不可靠度；另一部分使系统正常，出现正常状态的概率之和为系统的可靠度。系统可靠度与系统的不可靠度之和恒为 1。从这 2^n 个状态中选出概率量级较大，同时计算方便的那些失效状态，用 1 减去这些状态的概率之和，便可得出系统的可靠度上限 R_u，同理，在所有 2^n 个状态中选出概率量级较大，同时计算方便的那些正常工作状态，将这些正常状态的概率相加，便可得出系统可靠度的下限 R_L。当上下限各自考虑的状态越多，两者便越接近，所得的 R_s 也越接近系统可靠度真值。

上下限法分为 3 个步骤：（1）求上限值；（2）求下限值；（3）求综合预计值。下面举例说明。

例 用上下限法预计如图 3.1 - 1 所示系统的可靠度。

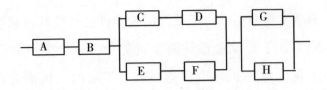

图 3.1 – 1　某系统的可靠度框图

图中有 8 个单元，为叙述方便，在规定时间内，单元 A，B，…，H 正常工作分别用 A，B，…，H 表示；若失效，则分别用 $\overline{A}$，$\overline{B}$，…，$\overline{H}$ 表示，并假设各单元是互相独立的。

第一次预计上限值 R_u 时，只考虑串联单元的失效，不考虑并联单元的失效，因为并联单元的可靠度一般都很高，而且，当有一个串联单元失效时，不论并联单元中哪一个失效或正常，整个系统处于失效状态。

图 3.1 – 1 中串联单元 A 引起系统的失效的状态有：$\overline{A}B$，$A\overline{B}$ 和 $\overline{A}\,\overline{B}$。所以子系统 S_1 的失效概率为

$$F_{S_1} = P(\overline{A}B) + P(A\overline{B}) + P(\overline{A}\,\overline{B})$$
$$= F_A R_B + R_A F_B + F_A F_B$$
$$= R_B(1 - R_A) + R_A(1 - R_B) +$$
$$(1 - R_A)(1 - R_B)$$

式中，R_A、R_B——单元 A、B 的可靠度；

　　　F_A、F_B——单元 A、B 的不可靠度。

所以，第一次预计的可靠度上限值 R_{u_1} 为

$$R_{u_1} = 1 - F_{s_1} = R_A R_B$$

其一般表达式为

$$F_{S_1} = 1 - \prod_{i=1}^{m} R_i \qquad (3.1-4)$$

式中，m——串联单元数。

$$R_{u_1} = \prod_{i=1}^{m} R_i \qquad (3.1-5)$$

五、相似设备法

将考虑的设备与已知可靠性的设备进行比较，从而估计设备可能达到的可靠性水平。

第二节　可靠性分配

一、可靠性分配的目的与原则

可靠性分配是在可靠性预计基础上，把设计任务书规定的系统可靠性指标，从上而下地分配到各分系统→整机→元器件，确定系统各组成部分的可靠性指标要求，从而使整个系统可靠性指标得到落实，它是一个由整体到局部、由上到下的分解过程。

可靠性分配的目的，是要建立每个单元的可靠度指标，使负责设计的人员知道单元所需的可靠度，明确其设计要求，通过分配，把责任落实到相应层次产品的设计人员身上，并用这种定量分配的可靠性要求，估计所需人力、时间和资源。

可靠性分配本质是一个工程决策问题，是人力、物力的统一调度运用问题，应当根据系统工程原则"技术上合理，经济上合算，见效快"来进行。一般来说，系统中不同的整机，不同的元器件的现实可靠性水平不同，要提高它的可靠性，其技术难易程度，所用人力、物力也有很大不同。作为一个系统，要求应相对地平衡。"局部精良"没有意义，而着重改善薄弱环节则见效最大。但往往薄弱环节的技术难度大，且复杂，要改善其可靠性所需代价也大而且费时间。因此，需要在这些相互矛盾的要求之间综合平衡。

在可靠性分配时，应遵循以下几条原则：

（1）复杂度高的分系统、设备等，通常组成单元多，设计制造难度大，应分配。

（2）对于技术上不够成熟的产品，分配。

（3）对于处于恶劣环境条件下工作的产品，产品的失效率会增加，应分配。

（4）因为产品的可靠性随着工作时间的增加而降低，对于需要长期工作的产品，分配。

（5）对于重要度高的产品，一旦发生故障，对整个系统影响很大，应分配。

二、串联系统可靠性分配方法

在进行串联系统可靠性分配时，为使问题简化，作如下三条假设：

系统各单元的失效是独立的；

系统各单元的失效寿命服从指数分布，其失效率为常数；

系统由各单元串联而成。

由此上假设，则有如下的关系式

$$R_S = \prod_{i=1}^{n} R_i \qquad \lambda_S = \sum_{i=1}^{n} \lambda_i \qquad (3.2-1)$$

式中，R_S，λ_S——系统的可靠度、失效率；

R_i，λ_i——单元 i 的可靠度、失效率；

n——系统单元数。

串联系统的可靠性分配有许多方法。下面介绍几种常用方法。

1. 等分配法

若给定的系统可靠度指标为 R_S^*，则分配给各单元的可靠度指标 R_i 为

$$R_i = \sqrt[n]{R_S^*} \qquad (3.2-2)$$

优缺点：分配方法很简单，但不十分合理。

适应条件：对各单元作粗略的分配的草图设计阶段。

例1　一个由5个子系统串联而成的系统，设每个子系统分配的可靠度相等，系统的目标可靠度为 $R_s = 0.90$，试确定每个子系统的可靠度。

解： 由式（3.2 - 2）可得

$$R_i = \sqrt[n]{R_s{}^*} = \sqrt[5]{0.90} = 0.97915$$

即要求 $R_1 = R_2 = \cdots = R_5 = 0.97915$

2. 比例分配法

如果已知系统各单元的相对失效率比 K_i，则可按下式进行可靠度分配。

$$\lambda_i = K_i \lambda_s \qquad (3.2 - 3)$$

式中，λ_i——单元 i 的失效率；

λ_s——系统的失效率。

$$\because \quad \lambda_s = \sum_{i=1}^{n} \lambda_i = \lambda_s \sum_{i=1}^{n} K_i$$

$$\therefore \quad \sum_{i=1}^{n} K_i = 1 \qquad (3.2 - 4)$$

例2　已知一系统由4个子系统组成，其失效率预计分别为 $\lambda_1 = 0.002$ 次/10^2 小时，$\lambda_2 = 0.003$ 次/10^2 小时，$\lambda_3 = 0.005$ 次/10^2，$\lambda_4 = 0.0082$ 次/10^2 小时，现要求系统的最大失效率不超过 $\lambda_s = 0.010$ 次/10^2 时，试进行可靠度分配。

解： $\lambda_s = \sum_{i=1}^{4} \lambda_i = 0.002 + 0.003 + 0.005 + 0.0082 = 0.0182$

次/10^2 小时

相对失效率比分别为

$$K_1 = \frac{\lambda_1}{\lambda_s} = \frac{0.002}{0.0182} = 0.11$$

$$K_2 = \frac{\lambda_2}{\lambda_S} = \frac{0.003}{0.0182} = 0.165$$

$$K_3 = \frac{\lambda_3}{\lambda_s} = \frac{0.005}{0.0182} = 0.275$$

$$K_4 = \frac{\lambda_4}{\lambda_s} = \frac{0.0082}{0.0182} = 0.45$$

所以，各单元的失效率分别为

$\lambda_1^* = K_1\lambda_s^* = 0.11 \times 0.010 = 0.0011$ 次/10^2 小时

$\lambda_2^* = K_2\lambda_s^* = 0.165 \times 0.010 = 0.00165$ 次/10^2 小时

$\lambda_3^* = K_3\lambda_3^* = 0.275 \times 0.010 = 0.00275$ 次/10^2 小时

$\lambda_4^* = K_4\lambda_4^* = 0.45 \times 0.010 = 0.0045$ 次/10^2 小时

如果一个新设计的系统与老的系统很相似，则可以按老系统中各单元的相对失效率比来分配各单元的失效率。

$$K_i = \frac{\lambda_{io}}{\lambda_{so}} \qquad (3.2-5)$$

式中，λ_{io}——老系统中单元 i 失效率；

λ_{so}——老系统的失效率。

$$\lambda_{in} = K_i\lambda_{sn} = \lambda_{io}\frac{\lambda_{sn}}{\lambda_{so}} \qquad (3.2-6)$$

式中，λ_{sn}——新系统的失效率指标；

λ_{in}——分配给新系统中单元 i 的失效率。

例3 有一液压动力系统,已知其失效率 $\lambda_{so} = 256$ 次/10^6 小时,各单元的失效率指标如表 3.2 – 1 所示,现要求设计一台新的系统,其结构与老的相同,只是要求提高系统的可靠度,将失效率降低为 $\lambda_{sn} = 200$ 次/10^6 小时。试进行系统的可靠度分配。

表 3.2 – 1 液压动力系统的可靠度分配

序号	子系统名称	λ_{io}(次/10^6 小时)	λ_{in}(次/10^6 小时)
①	②	③	④
1	油箱	3	2.3
2	拉紧装置	1	0.78
3	油泵	75	59
4	电动机	46	36
5	止回阀	30	23
6	安全阀	26	20
7	滤油器	4	3.1
8	联轴器	1	0.78
9	导管	3	2.3
10	启动器	67	52
	系统总计	256	199.26

解：已知系统的新、老失效率之比为

$$\frac{\lambda_{sn}}{\lambda_{so}} = \frac{200 \times 10^{-6}}{256 \times 10^{-6}} = 0.78125$$

由式（3.2-6）可得新系统中各子系统的失效率分别为

$$\lambda_{油箱} = \lambda_{1n} = 3 \times 10^{-6} \times 0.78125 = 2.3 \ 次/10^6 \ 小时$$

$$\lambda_{拉紧} = \lambda_{2n} = 1 \times 10^{-6} \times 0.78125 = 0.78 \ 次/10^6 \ 小时$$

$$\lambda_{启动} = \lambda_{10n} = 67 \times 10^{-6} \times 0.78125 = 52 \ 次/10^6 \ 小时$$

将所得结果列入表3.2-1的第4栏内，即为所求的结果。

如果我们有老系统中各分系统故障数占系统故障数百分比 k_i 的统计资料，而且新老系统又极相似，那么可以按下式进行分配。

$$\lambda_{in} = k_i \lambda_{sn} \qquad (3.2-7)$$

式中，k_i——分系统 i 的故障数占系统故障数的百分比。

3. 评分分配法（加权分配法）

这种方法是根据人们的经验，按照几种因素进行评分，从而得出每个子系统的评分系数，再据此进行分配。其计算公式为

$$\lambda_i^* = c_i \lambda_s^* \qquad (3.2-8)$$

式中，c_i——第 i 个分系统的评分系数；

$\lambda_s^{\ *}$——系统要求的失效率指标；

$\lambda_i^{\ *}$——第 i 个分系统的失效率。

分系统的评分系数 c_i 是分系统的评分数与系统的评分数之比值，用公式表示：

$$c_i = \frac{W_i}{W} \qquad\qquad (3.2 - 9)$$

式中，W_i——第 i 分系统的评分数；

W——系统的评分数，$W = \sum W_i$。

分系统的评分数 W_i 主要由四种因素决定，每种因素的分数在 1 ~ 10 之间。

（1）复杂度：它是根据组成分系统的元件数量以及它们组装的难易程度来评分。最简单的评 1 分，最复杂的评 10 分。

（2）技术发展水平：根据分系统目前的技术水平和成熟程度来决定。水平最高的评 1 分，水平最低的评 10 分。

（3）工作时间：根据分系统工作的时间来评定。系统工作时分系统一直工作的评 10 分，工作时间最短的评 1 分。

（4）环境条件：根据分系统所处的环境来评定。经受极其恶劣而严酷环境条件的评 10 分，环境条件最好的评 1 分。

令 r_{ij} 为第 i 个分系统，第 j 个因素的评分数，其中：

$j = 1$ 代表复杂度；

$j = 2$ 代表技术发展水平；

$j = 3$ 代表工作时间；

$j=4$ 代表环境条件。

则有

$$W_i = \prod_{j=1}^{4} r_{ij} \qquad (3.2-10)$$

4. 考虑系统各组成部分重要度和复杂度的分配方法

（1）重要度的概念

重要度是指分系统（或设备）的故障对系统故障的影响程度，记为 $W_{i(j)}$。

$$W_{i(j)} = \frac{N_{i(j)}}{r_{i(j)}} \qquad (3.2-11)$$

式中，$r_{i(j)}$——第 i 个分系统（第 j 台设备）的故障次数；

$N_{i(j)}$——由于第 i 个分系统（第 j 台设备）所引起系统故障的次数；

$0 \leqslant W_{i(j)} \leqslant 1$，其数值根据实际经验或统计数据来确定。

（2）复杂度的概念

复杂度是指分系统（设备）的基本构成部件数占总数的比例，记为 c_i。

$$C_i = \frac{n_i}{N} = \frac{n_i}{\sum_{i=1}^{n} n_i} \qquad (3.2-12)$$

式中，n_i——第 i 个分系统的基本构成部件数；

N——系统的基本构成部件总数；

n——分系统数。

由定义可知，某个分系统中基本构成部件所占的百分比越大就越复杂。

（3）综合考虑分系统（设备）重要度和复杂度时，系统可靠性的分配公式为

$$\theta_{i(j)} = \frac{N \cdot W_{i(j)} \, t_{i(j)}}{n_i(-ln \, R_s{}^*)} \qquad (3.2-13)$$

式中，$\theta_{i(j)}$——第 i 个分系统（第 j 台设备）的平均故障间隔
　　　　　时间；

N——同上式；

n_i——同上式；

$W_{i(j)}$——同（3.2-11）式；

$t_{i(j)}$——第 i 个分系统（第 j 台设备）的工作时间；

$R_s{}^*$——规定的系统可靠度指标。

从上式可见，分配给第 i 个分系统（第 j 台设备）的可靠性指标 $\theta_{i(j)}$ 与该分系统的重要度成正比，与它的复杂度成反比。

当按上式求出分配给各分系统（设备）的 $\theta_{i(j)}$ 之后，即可按下式求出系统的可靠度 R_s，它必须满足规定的系统可靠性指标 $R_s{}^*$。

$$R_s = \prod_{i=1}^{n} \left\{ 1 - W_{i(j)} \left[1 - e^{-\frac{t_{i(i)}}{\theta_{i(i)}}} \right] \right\}$$

$$(3.2 - 14)$$

例4 某机载电子设备要求工作 12 小时的可靠性 $R_s^* = 0.923$，这台设备各分系统（设备）的有关数据见表 3.2 – 2，试对各分系统（设备）进行可靠度分配。

表 3.2 – 2

序号	分系统（设备）名称	分系统构成部件数	工作时间	重要度
1	发射机	102	12	1.0
2	接发机	91	12	1.0
3	起飞用自动装置	95	3	0.3
4	控制设备	242	12	1.0
5	电源	40	12	1.0
	共计	570		

解： 已知 $R_s^* = 0.923$ 及表 3.2 – 2 数据，代入式（3.2 – 13），即可求出分配给各分系统（设备）的平均故障间隔时间：

$$\theta_1 = \frac{-570 \times 1.0 \times 12}{102 \times ln0.923} = 837 \text{ 小时}$$

$$\theta_2 = \frac{-570 \times 1.0 \times 12}{91 \times ln0.923} = 938 \text{ 小时}$$

$$\theta_3 = \frac{-570 \times 0.3 \times 3}{95 \times ln0.923} = 67 \text{ 小时}$$

$$\theta_4 = \frac{-570 \times 1.0 \times 12}{242 \times ln0.923} = 353 \text{ 小时}$$

$$\theta_5 = \frac{-570 \times 1.0 \times 12}{40 \times ln0.923} = 2134.1 \text{ 小时}$$

各分系统（设备）的可靠度 R_i 为

$$R_1 = e^{-12837} = 0.9858$$

$$R_2 = e^{-12/938} = 0.9673$$

$$R_3 = e^{-3/67} = 0.9562$$

$$R_4 = e^{-12/353} = 0.9666$$

$$R_5 = e^{-12/2134.1} = 0.9943928$$

将上述数据代入式（3.2-12），验算系统可靠度：

$$R = \prod_{i=1}^{5} [1 - W_{i(j)}(1 - R_{i(j)})] = 0.9232 > R_s^*$$

满足了规定的要求。

5. 成本最小分配法

提高系统的可靠性指标，必然涉及成本问题。在满足系统最低可靠度要求的同时使系统的成本最小；或者在满足每个单元或子系统的最低可靠度要求的同时使系统的成本最小。在可靠性设计时，如何既能保证产品可靠性总指标的分配，又能实现总体研制成本最小，是非常关键也是最实际的问题。

三、并联系统可靠性分配方法

1. 等分配法

设各个单元的可靠度为 R_i，系统可靠度为 R_s，则按照等分配法，组成系统的各个单元的可靠度为

$$R_i = 1 - (1 - R_s)^{\frac{1}{n}} \qquad (3.2 - 15)$$

例5　系统可靠度要求为 $R_s = 0.9$ 时，选用两个复杂程度相似的单元并联工作，则每个单元应分配到多少可靠度？

解: $R_1 = R_2 = 1 - (1 - 0.9)^{\frac{1}{2}} = 0.6838$

2. 比例分配法

若有 n 个并联单元的系统，容许的失效概率为 F_{sd}，则

$$F_{sd} = F_{1d} \cdot F_{2d} \cdots F_{nd} = \prod_{i=1}^{n} F_{id} \qquad (3.2 - 16)$$

若已知并联单元的预计失效概率为 F_i，则可建立 $n-1$ 个相对关系式

$$\frac{F_{2d}}{F_2} = \frac{F_{1d}}{F_1}$$

$$\frac{F_{3d}}{F_3} = \frac{F_{1d}}{F_1}$$

$$\vdots$$

$$\frac{F_{nd}}{F_n} = \frac{F_{1d}}{F_1}$$

求解上式，即可得到并联各单元应该分配到的容许失效概率 F_{id}，进而求各单元可靠度。

例6　如图 3.2 − 1（a）所示，系统由 3 个单元组成，各单元寿命均为指数分布。系统工作 20h，已知它们的预计失效概率分别为 $F_1 = 0.045$，$F_2 = 0.06$，$F_3 = 0.12$。要求工作 20h 系统的容许失效概率为 $F_{sd} = 0.005$，试计算系统中各单元所容许的失效概率值。

解：（1）判断系统是否需要进行可靠性分配。

将并联系统简化为等效单元，如图 3.2 − 1（b）所示。求得等效单元可靠度及失效概率。

$$R_{12} = R_1 R_2 = 0.955 \times 0.94 = 0.90$$

$$F_{12} = 1 - R_{12} = 1 - 0.90 = 0.10$$

系统的预计失效概率为

$$F_s = F_{12} \cdot F_3 = 0.10 \times 0.12 = 0.012 > 0.005$$

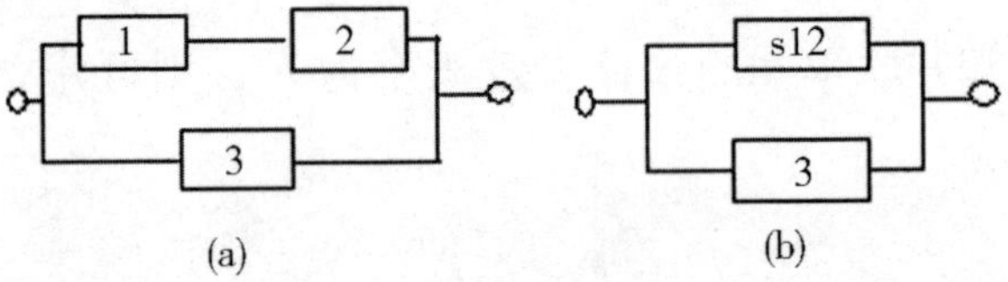

(a)　　　　　　　　　(b)

图 3.2 − 1　系统逻辑图

系统失效概率大于给定值，需做各单元可靠性再分配。

（2）按比例分配法分配失效概率并计算单元可靠度。

78

由式 (3.2 – 16) 得

$$\frac{F_{12d}}{F_{12}} = \frac{F_{3d}}{F_3} \quad 即\ F_{3d} = \frac{F_3}{F_{12}} \cdot F_{12d} = \frac{0.12}{0.10} \cdot F_{12d}$$

因 $F_{sd} = 0.005$，得

$$F_{sd} = F_{12d} \cdot F_{3d} = 0.005$$

求得

$$F_{12d} = 0.06455$$

$$R_{12} = 1 - F_{12d} = 1 - 0.06455 = 0.93545$$

$$F_{3d} = 0.0775$$

$$R_3 = 1 - F_{3d} = 1 - 0.0775 = 0.9225$$

（3）按比例分配法分配串联子系统各单元的失效率

各单元的预计可靠度分别为

$$R_1 = 1 - F_1 = 0.955$$

$$R_2 = 1 - F_2 = 0.94$$

各单元预计失效率分别为

$$\lambda_1 = -\frac{\ln R_1}{t} = -\frac{\ln 0.955}{20} = 0.002302$$

$$\lambda_2 = -\frac{\ln R_2}{t} = -\frac{\ln 0.94}{20} = 0.00309$$

串联子系统容许的失效概率 $F_{12d} = 0.06455$，由式

$$\lambda_{sd} = -\frac{\ln R_{sd}}{t}$$

求得容许的失效率为

$$\lambda_{12d} = -\frac{\ln R_{12d}}{t} = -\frac{\ln(1 - 0.06455)}{20} = 0.003336$$

则由式（3.2-6）计算两个串联的单元容许的失效率为

$$\lambda_{1d} = \lambda_{12d} \cdot \frac{\lambda_1}{\lambda_1 + \lambda_2} = 0.003336 \times \frac{0.002302}{0.002302 + 0.00309}$$

$$= 1.42 \times 10^{-3}$$

$$\lambda_{2d} = \lambda_{12d} \cdot \frac{\lambda_2}{\lambda_1 + \lambda_2} = 0.003336 \times \frac{0.00309}{0.002302 + 0.00309}$$

$$= 1.91 \times 10^{-3}$$

第四章

失效模式、影响及后果分析（FMECA）

第一节　FMECA 的基本概念

一、失效

1. 失效的定义

失效是指产品丧失规定的功能。

2. 失效判据

失效判据是指判断是否构成失效的准则。

3. 失效的分类

（1）失效按原因分类

固有失效：产品在规定的条件下使用，由于设计、材料、制造等固有缺陷而引起的失效。

误用失效：不按规定条件使用产品而引起的失效。

（2）失效按程度分类

完全失效：产品性能超过某种确定的界限，以致完全丧失规定功能的失效。

部分失效：产品的性能达到某种确定的界限，但没有完全丧失规定功能的失效。

（3）失效按时间性分类

突然失效：通过事前的测试或监控不能预测到的失效。

渐变失效：通过事前的测试或监控可以预测的失效。

间歇失效：产品失效后，不经修复而在限定时间内自行恢复功能的失效。

（4）失效按关联性分类

关联失效：在解释试验结果或计算可靠性特征量的数值时，必须计入的失效。

非关联失效：在解释试验结果或计算可靠性特征量的数值时，不应计入的失效。

独立失效：不是由于另一个产品的失效而引起的失效。

从属失效：由于另一个产品失效而引起的失效。

（5）失效按后果分类

致命失效：可能导致人身伤亡或财物重大损失的失效。

严重失效：可能导致产品规定功能降低的产品组成单元的失效。

（6）失效按模式分类

疲劳失效：在交变应力作用下，因疲劳裂纹萌生、扩展、破损而引起的产品失效。

断裂失效：由断裂而引起的产品失效。

磨损失效：由于磨损而引起的产品失效。

腐蚀失效：由于腐蚀而引起的产品失效。

变形失效：由于变形而引起的产品失效。

老化失效：由材料老化而引起的产品失效。

泄漏失效：不允许泄漏的部位有了泄漏，或者允许有一定泄漏量的部位超过了规定值而引起的产品失效。

受潮失效：绝缘材料受潮后，使绝缘水平下降或绝缘性能破坏而引起的产品失效。

4. 失效等级

常用的失效等级的划分如表4.1－1所示。

表 4.1-1　常用失效等级划分表

严重等级	严重程度
Ⅳ	能导致系统功能丧失，其结果对系统或周围环境造成重大损失，并（或）导致人身伤亡
Ⅲ	能导致系统功能丧失，其结果对系统或周围环境造成重大损失，不造成人身伤亡
Ⅱ	能导致系统功能下降，对系统或周围环境或人身均无显著损失
Ⅰ	能导致系统功能下降，对系统或环境或人身无害

二、失效模式

1. 失效模式的基本概念

失效模式就是指失效的表现形式。

2. 常见的失效模式

表 4.1-2 和表 4.1-3 所列失效模式的内容可作为可靠性分析与设计时的参考。

表 4.1-2　由工作时间分类的失效模式

序号	失效模式
1	提前运行
2	在规定时刻开机失效
3	在规定时刻关机失效
4	运行中失效

表 4.1-3　可能发生的失效模式

序号	失效模式	序号	失效模式
1	结构失效（破损）	18	错误动作
2	物理性质的结卡	19	不能关机
3	颤损	20	不能开机
4	不能保持正常位置	21	不能切换
5	不能开	22	提前运行
6	不能关	23	滞后运行
7	错误开机	24	输入过大
8	错误关机	25	输入过小
9	内漏	26	输出过大
10	外漏	27	输出过小
11	超出允许上限	28	无输入
12	超出允许下限	29	无输出
13	意外运行	30	电短路
14	间断性工作不稳定	31	电开路
15	漂移工作不稳定	32	电漏泄
16	错误指示	33	其他
17	流动不畅		

3. 失效模式的比率

所谓失效模式的比率 a_{ij}，就是指元器件 i 出现失效模式 j 而引起该元器件失效的失效频数比。

表 4.1 -4 列举了部分元器件的失效模式及其比率 a_{ij}，以供参考。

表 4.1 -4　元器件的失效模式及其比率

元器件名称	主要的失效模式及其比率（%）		元器件名称	主要的失效模式及其比率（%）	
轴承	润滑油下降或恶化	45	线圈	绝缘蜕化	75
	弄脏	30		绕组开路	25
	位移	5	缚间插座	短路（密封不良）	30
	腐蚀	5		焊缝机械失效	25
	盐斑	5		绝缘电阻减小	20
鼓风机	绕组失效	35		不良接触电阻	10
	轴承失效	50		其他机械失效	15
	汇流环、电刷和整流子失效	5	标准连接器	接触失效	30
陶瓷介质固定电容	短路	50		材料变质	30
	容值变化	40	标准连接器	焊缝机械失效	25
	开路	5		其他机械失效	15
云母或玻璃绝缘固定电容	短路	70	石英晶体振子	开路	80
	开路	15		无震荡	10
	容值变化	10	硅二极管和锗二极管	短路	76
				电路时断时续	18
				开路	6

续表

元器件 名称	主要的失效模式及 其比率（%）		元器件 名称	主要的失效模式及 其比率（%）	
敷金属或 箔膜固定 电容	开路 短路	65 30	橡皮蛇 形轮	材料蜕化 接头机械损伤	85 10
纸介固定 电容	短路 开路	90 5	指示灯	严重失效（开路） 性能降低（腐蚀、焊点 性能降低）	75 25
固定钽 电容	开路 短路	35 35	绝缘体	机械破裂 蜕化	50 50
电解铝固 定电容	漏电流过大 容值减小 开路 短路	10 5 40 30	磁控管	窗口击穿 发弧和火花导致阴极性 能降低 放气	20 40 30
断路器	接触失效 线圈失效	95 5	耐表	严重破坏（开路、玻璃 破碎、开封） 精度降低、摩擦、阻尼	75 25
断路开关	断路装置的机械失效	70	伺服 电动机	轴承失效 绕组失效	45 40

续表

元器件名称	主要的失效模式及其比率（%）		元器件名称	主要的失效模式及其比率（%）	
磁性离合器	轴承磨损 内部机械性能降低引起转矩减小 线圈失效引起转矩减小	45 30 15	同步电机	绕组失效 轴承失效 汇流环和电刷失效	40 30 20
电动机和发动机	绕组失效 轴承失效	20 20			
橡皮油封件	汇流环、电刷和整流子失效 材料蜕化	5 85	热敏电阻	开路	95
			变压器	匝间短路 开路	80 5
橡皮垫圈	材料蜕化	90	锗晶体管和硅晶体管	集电极基极间漏电流大 集电极和发射极击穿电压 引线断开	50 37 4
继电器	接触失效 线圈开路	75 5			
碳膜和金属膜固定电阻	开路 阻值变化	80 20	安全阀	提动头黏着（开和闭） 阀座磨损	40 50
组合固定电路	阻值变化	95	变阻器	开路	95
组合可变电阻	工作不稳定 绝缘失效	95 5	橡皮型隔离器	材料蜕化	85

续表

元器件名称	主要的失效模式及其比率（%）		元器件名称	主要的失效模式及其比率（%）	
绕组可变电阻	工作不稳定 开路 阻值变化	55 40 5	弹簧隔离器	阻尼介质蜕化 弹簧疲劳	80 5
精密线绕可变电阻	开路 噪声过大	75 25	振子（振动器）	接触失效 绕组开路 弹簧疲劳	80 5 15
旋转开关	断续接触	90			
拨动式开关	弹簧疲劳 断续接触	40 50			

三、失效机理

1. 失效机理的概念

失效机理是引起失效的物理、化学变化等内在原因。

2. 常见失效机理的分类及其频率

根据调查发现，机械零件所发生的最基本的失效机理有以下几种：

（1）蠕变或应力断裂（S）

（2）腐蚀（C）

（3）磨损（W）

（4）冲击断裂（I）

（5）疲劳（F）

（6）热（T）

上述分类法简称为"SCWIFT 分类"。

表4.1－5是按上述分类法，以轴承、齿轮、电刷为例，列举了该器件的失效机理及其频率。从表中可见，"磨损（W）"一项所占的比例最大。

表 4.1－5　失效机理及其频率（％）的示例

失效机理	现场报告	轴承		齿轮	现场报告	电刷
		PM	CM	CM		PM·CM
磨损（W）	磨损	49	70	58	异常磨损	70
	侵蚀	4	2	–	开孔	4
	断裂	13	9	–	电弧	2
疲劳（F）	疲劳	–	–	–	烧损	–
	表面裂痕	8	1	–	硬变而难动	2
	断裂	–	–	21	其他	18
蠕变、应力断裂（S）和冲击（L）	形变	3	2	21		
	断裂	–	–	–		
	蠕变	–	–	–		
腐蚀（C）		23	16	–		

注：表中 PM、CM 是指预防维修、事后维修。

90

四、FMECA

1. FMEA 的基本概念

失效模式影响分析（FMEA），是在产品设计过程中，通过对产品各组成单元潜在的各种故障模式及其对产品功能的影响进行分析，提出可能采取的预防改进措施，以提高产品可靠性的一种设计分析方法。

2. FMECA 的基本概念

失效模式、影响及后果分析（FMECA），是分析研究系统和各种组成单元潜在的各种失效模式、失效后对系统功能的影响及产生后果的严重程度，并提出可能的预防改进措施，以提高产品可靠性的分析方法。

3. FMEA 的工作程序

（1）搜集并分析下述有关的资料。

①产品结构和功能的有关资料；

②产品启动、运行、操作、维修资料；

③产品所处环境条件的资料。

（2）定义产品及其功能要求，绘制产品功能方框图。

（3）按照产品功能方框图，画出其可靠性方框图。

（4）根据所需的结果和现有资料的多少来确定分析级别。

（5）找出失效模式，分析失效机理及影响。

（6）找出失效的检测方法。

（7）确定可能的预防措施。

（8）填写 FMEA 表格（见表 4.1－6）

表 4.1－6　典型的 FMEA 表

系统_____　　　　　　　　日期_____

结构级别_____　　　　　　共___页　第___页

参考图样_____　　　　　　制表_____

规定功能_____　　　　　　批准_____

标号	项目/功能名称	功能	失效模式与原因	任务阶段/工作模式	失效后果			失效检测方法	补救措施	严重级别
					局部后果	上一级	最终后果			

92

第二节　失效严重度分析

一、目的

严重度分析的目的是按照严重性级别及严重度数字或发生概率的联合影响来对 FMEA 确定的每一种失效模式进行分级，以便确定采取措施的优先顺序。

二、定性分析

缺乏失效率数据时用定性分析，这需要评定下列五级发生概率：

A 级——常发生，单一失效模式发生概率大于整个装置总失效率的 20% 。

B 级——较常发生，单一失效模式概率大于总失效率的 10% ，但小于 20% 。

C 级——偶尔发生，单一失效模式概率大于总失效概率的 1% ，但小于 10% 。

D 级——很少发生，单一失效模式概率大于总失效概率的

0.1%，但小于1%。

E级——极少发生，单一失效模式概率小于总失效概率的0.1%。

三、定量分析

1. 失效后果概率

失效后果概率（β）或称损失概率，是指当失效模式发生时由失效后果造成严重度级别的条件概率（见表4.2－1）。

表4.2－1 失效后果概率

失效	β 值
必然损失	1.00
可能损失	$0.10 < \beta < 1.00$
很少损失	$0 < \beta < 0.10$
无影响	0

2. 失效模式严重度数字

失效模式严重度数字（C_m）是在一种严重性级别下由失效模式之一所占严重数字的份额。

$$C_m = \beta\alpha\,\lambda_p \cdot t \qquad (4.2-1)$$

式中，C_m——失效模式的严重度数字；

β——失效后果概率；

α——失效模式相对频率；

λ_p——元件失效率；

t——某任务阶段内的工作时间，通常以小时或工作次数表示。

3. 产品严重度数字

一个产品的严重度数字（C_r）是在某一任务阶段内，同一严重级别下各失效模式严重度数字 C_m 之和：

$$C_r = \sum_{n=1}^{j} (\beta \alpha \lambda_p t)_n \qquad (4.2-2)$$

式中，C_r——产品严重度数字

n——属于某一严重度的失效模式数

j——产品在该严重度下的最后一个失效模式

例 设已知 $\lambda_b = 0.1 \times 10^{-6}$/小时，$\pi_A = 1.5$，$\pi_E = 40$，$\pi_Q = 1.2$，在某一任务阶段，在严重性级别 Ⅱ 下有两个失效模式，在严重性级别 Ⅳ 下有一个失效模式：

$\alpha_1 = 0.3$，在严重性级别 Ⅱ 下第一种失效模式；

$\alpha_2 = 0.2$，在严重性级别 Ⅱ 下第二种失效模式；

$\alpha_3 = 0.5$，在严重性级别 Ⅳ 下的失效模式；

$\beta = 0.5$，$t = 1$ 小时，求：在此任务阶段，在严重性级别 Ⅱ

下的 C_m 和 C_r。

$\mathbf{解}:\lambda_p=\lambda_b\ (\pi_A\times\pi_E\times\pi_Q)$

$$=0.1\times10^{-6}\ (1.5\times40\times1.2)$$

$$=7.2\times10^{-6}\ (1/\text{小时})$$

对于 $\alpha_1:C_m=\beta\alpha_1\lambda_p t\times10^6$

$$=0.5\times0.3\times7.2\times10^{-6}\times1\times10^6$$

$$=1.08$$

对于 $\alpha_2:C_m=\beta\alpha_2\lambda_p t\times10^6$

$$=0.5\times0.2\times7.2\times10^{-6}\times1\times10^6$$

$$=7.2$$

于是 $C_r=\sum\limits_{n=1}^{j}\ (C_m)_n$

$$=\sum\limits_{n=1}^{2}\ (C_m)_n=1.08+0.72$$

$$=1.80$$

或 $C_r=\sum\limits_{n=1}^{j}(\beta\alpha\lambda_p t\cdot10^6)_n=\sum\limits_{n=1}^{2}(\beta\alpha\lambda_p t\cdot10^6)_n$

$$=\beta\alpha_1\lambda_p t\cdot10^6+\beta\alpha_2\lambda_p t\cdot10^6$$

$$=\beta\lambda_p t\cdot10^6\ (\alpha_1+\alpha_2)$$

$$=0.5\times7.2\times10^{-6}\times10^6\cdot\ (0.3+0.2)$$

$$=1.80$$

4. 严重度分析表

典型的严重度分析表,其格式如表4.2-2所示。

表 4.2 - 2 典型的严重度分析表

系统_____   日期_____

结构级别_____   共___页 第___页

参考图样_____   制表_____

规定功能_____   批准_____

标号	名称	功能	失效模式与原因	任务阶段/工作模式	严重性级别	失效概率		失效模式相对频率 α	失效率 λ_p	工作时间 t	失效模式严重度 $C_m = \beta\alpha\lambda_p t$	产品严重度 $C_r = \Sigma C_m$	备注
						失效率数据源	损失概率 β						

四、严重度矩阵

引入严重度矩阵是为了把每一种失效模式的严重性与其失效模式比较，矩阵是将产品或失效模式的标号按严重性级别与失效模式的发生概率或严重度数字（C_r）进行有效排列，所得矩阵表明各产品项目失效模式的严重度分布情况，而成为确定补救措施优先顺序的工具。如图 4.2 - 1 所示，如果以失效模式在矩阵中的位置沿着对角线离开原点愈远（愈靠近右上角），则严重度愈大而迫切需要采取补救措施。图 4.2 - 1 的画法表明纵坐标既可以是严重度数字，又可以是发生概率。

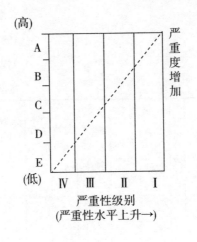

图4.2-1

五、严重度分析的用途

严重度分析对于维修和后勤保障方面的分析最有用，因为某种失效模式如果发生概率很高（或严重度数字大），则有必要研究采取某种措施才能降低对维修和后勤的要求，严重度数字是以主观判断为基础的，只能作为一种相对优先顺序。

第五章

失效树分析

（FTA—Fault Tree Analysis）

第一节 引 言

一、定义

失效树分析法就是在系统设计过程中通过对可能造成系统失效的各种因素（包括硬件、软件、环境、人为因素）进行分析，画出逻辑框图（既失效树），从而确定系统失效原因的各种可能组合方式或其发生概率，以计算系统失效概率，采取相应措施，以提高系统可靠性的一种分析方法。

二、特点

1. FTA 是一种图形演绎法，是故障事件在一定条件下的逻辑推理方法，FTA 法清晰地用图说明系统是怎样失效的，它也是系统在某一特定故障状态的快速照相。

2. FTA 把系统的故障与组成系统的部件的故障有机联系在一起，通过 FTA 可以找出系统的全部可能的失效状态，也就是失效树的全部最小割集，或者称它们是系统的故障谱。

3. 失效树本身也是一种形象化的技术资料，当它建成以后，对不曾参与系统设计的管理、运行人员也是一种直观的教学和维修指南。

4. 通过失效树，可以定量地计算复杂系统的失效概率及其他可靠性参数，为改善和评估系统可靠性提供定量数据。

三、步骤

1. 失效树的建造；

2. 建立失效树的数学模型；

3. 定性分析；

4. 定量分析。

四、应用范围

1. 系统的可靠性分析；

2. 系统的安全性分析与事故分析；

3. 改进系统设计，对系统的可靠性进行评价；

4. 概率风险评价；

5. 系统的重要度分析和灵敏度分析；

6. 故障诊断与检修表的测定；

7. 系统最佳探测器的配置；

8. 失效树的模拟；

9. 管理人员、运行人员的培训。

第二节 失效树的建造

一、失效树分析使用的符号

1. 事件符号

事件符号的图形、名称及含义详见表5.2−1。

表 5.2 −1　失效树分析常用的事件符号及其含义

序号	符号	名称与含义
1		结果事件：来自那些通过逻辑入口的失效事件的合成，它包括除底事件之外的所有中间事件及顶事件
2		基本的失效事件：不能再分解的失效事件，其失效参数（如失效率、不可靠度）来自经验数据
3		省略事件：又称未展开事件或未探明事件。发生概率较小的事件，其原因没有得到充分推敲，由于缺少数据或兴趣，它没有得到发展，定性、定量分析中可忽略不计
4	A　　A 转入　　转出	失效事件的转移：同一失效事件常在不同的位置出现，为了简化和减少重复，用这两种符号，加上相应的标号（图中的 A）分别表示从某处转入和转到某处
5		触发事件：期待着发生的失效事件，可能发生，也可能不发生

102

2. 逻辑门符号

逻辑门符号的图形、名称及含义详见表 5.2 – 2。

表 5.2 – 2　失效树分析常用的逻辑门符号及其含义

序号	符号	名称及含义
1		与门：只有输入事件 B_i（$i = 1$，2，……，n）同时全部发生，输出事件 A 才发生。其相应的逻辑关系表达式为 $A = B_1 \cap B_2 \cap \cdots \cap B_n$
2		或门：如任何一个或几个输入事件 B_i 发生，则输出事件 A 发生。其相应的逻辑关系表达式为 $A = B_1 \cup B_2 \cup \cdots \cup B_n$
3		禁门：当某件事件 C 存在，则输入事件 B 直接引起输出事件 A 的发生，否则事件 A 不发生
4		优先与门：如果所有的输入事件 B_i 从左往右按次序发生，则输出事件 A 发生

序号	符号	名称及含义
5		异或门：如输入事件 B_1 和 B_2 中的任何一个发生，但不同发生，则输出事件 A 发生，则相应的逻辑关系式为 $A=(B_1\bar{B_2})\cup(\bar{B_1}B_2)$
6		表决门（m/n 门）：如 n 个输入事件中 m 发生，则输出事件发生

二、建树的一般程序

1. 广泛收集并分析技术资料；

2. 选择顶事件；

3. 建树；

4. 失效树的简化。

三、建树的方法

1. 演绎法

演绎法属人工建树方法。其基本过程：先写出顶事件表示符号作为第一行，在其下面并列地写出顶事件发生的直接原因

——包括硬件故障、软件故障、环境因素、人为因素等作为第二行，把它们用相应的符号表示出来，并用适合它们之间逻辑关系的逻辑门与顶事件相连接。如果还要分析导致这些故障事件发生的原因，则把导致第二行那些故障事件发生的直接原因作为第三行，用适当的逻辑门与第二行的故障事件相连接。按照这个线索步步深入，一直追溯到引起系统发生故障的全部原因，或其失效机理和概率分布都是已知，因而不需要继续分析的原因为止。这样就建成一棵以顶事件为"根"，中间事件为"节"，底事件为"树叶"的具有 n 级的倒置失效树。

2. 合成法（STM）

合成法是利用计算机辅助建树方法，通过计算机程序将一些分散的小故障树按一定的分析要求自动地画成分析人员所要求的故障树。

第三节　失效树的数学模型

一、失效树的结构函数

两点假设：

元、部件和系统只能取正常或故障两种状态；

各元、部件的失效是互相独立的。

设 X_i 表示底事件的状态变量，令

$$X_i = \left\{ \begin{array}{l} 1 \\ 0 \end{array} \right.$$

又设 Φ 表示顶事件的状态变量，令

$$\Phi = \left\{ \begin{array}{ll} 1 & \text{顶事件发生(即系统失效)} \\ 0 & \text{顶事件不发生(即系统正常)} \end{array} \right.$$

顶事件出现与否取决于诸底事件的状态，即有：

$$\Phi = \Phi\ (\vec{x}) = \Phi\ (X_1, X_2, \cdots, X_n)$$

称 $\Phi\ (\vec{x})$ 为 FT 的结构函数。

1. 与门的结构函数

$$\Phi\ (\vec{x}) = \bigcap_{i=1}^{n} X_i\ (i = 1, 2, \cdots, n) \tag{5.3-1}$$

式中，n——底事件。

根据假设，其结构函数也可写成：

$$\Phi\ (\vec{x}) = \prod_{i=1}^{n} X_i \tag{5.3-2}$$

2. 或门的结构函数

$$\Phi\ (\vec{x}) = \bigcup_{i=1}^{n} X_i \tag{5.3-3}$$

根据假设，其结构函数也可写成

$$\Phi\ (\vec{x}) = 1 - \prod_{i=1}^{n}\ (1 - X_i) \tag{5.3-4}$$

3. n 中取 K （F） 系统的结构函数

$$\Phi\ (\vec{x}) = \begin{cases} 1 \\ 0 \end{cases} \qquad (5.3-5)$$

4. 异或门的结构函数

$$\Phi\ (\vec{x}) = (x_1\bar{x}_2) \cup (\bar{x}_1 x_2) \qquad (5.3-6)$$

5. 任意复杂系统的结构函数

若系统的失效树如图 5.3 – 1 所示。

其结构函数为

$$\Phi(\vec{x}) = \{X_4 \cap [X_3 \cup (X_2 \cap X_5)]\} \cup$$
$$\{X_1 \cap [X_5 \cup (X_3 \cap X_2)]\} \qquad (5.3-7)$$

二、单调关联系统

1. 概念

单调关联系统是指，系统中任一组成单元的状态由正常（失效）变为失效（正常）不会使系统的状态由失效（正常）变为正常的系统。

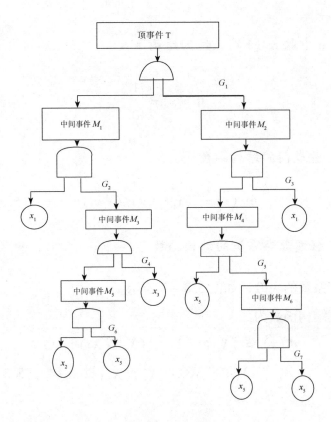

图 5.3 − 1 失效树

2. 性质

（1）系统中的每个元、部件对系统可靠性都有一定影响，只是影响程度不同而已。

用结构函数表示为

$$\Phi(1_i, \vec{x}) \neq \Phi(0_i, \vec{x}) \qquad (5.3 - 8)$$

式中，$\Phi(1_i, \vec{x}) = \Phi(x_1, x_2, \cdots, x_i = 1, \cdots, x_n)$；

$$\Phi(0_i,\overrightarrow{x}) = \Phi(x_1,x_2,\cdots,x_i = 0,\cdots,x_n)。$$

（2）系统中所有元、部件失效，则系统一定失效；反之，所有元、部件正常，系统一定正常。

用结构函数表示为

$$\Phi(\overrightarrow{0}) \equiv 0\Phi(\overrightarrow{1}) \equiv 1 \qquad (5.3-9)$$

（3）系统中失效部件的修复不会使系统由正常转为失效；反之，正常部件失效不会使系统由失效转为正常。

用结构函数表示为

若 $\overrightarrow{X} \le \overrightarrow{Y}$，即 $X_i \le y_i$，有：

$$\Phi(\overrightarrow{X}) \le \Phi(\overrightarrow{Y}) \qquad (5.3-10)$$

（4）任何一单调关联系统的不可靠性不会比由相同部件构成的串联系统坏，也不会比有相同部件构成的并联系统好。

用结构函数表示为

$$\bigcap_{i=1}^{n} X_i \le \Phi(\overrightarrow{X}) \le \bigcup_{i=1}^{n} X_i \qquad (5.3-11)$$

第四节 失效树的定性分析

一、割集与最小割集

1. 割集

定义：割集是指，失效树中一些底事件的集合，当这些底事件同时发生时，顶事件必然发生。

例　如图 5.4－1 所示的失效树，该系统共有三个底事件：X_1, X_2, X_3。根据割集的定义可知：

$\{X_1\}, \{X_2, X_3\}, \{X_1, X_2, X_3\}$　是它的三个割集。

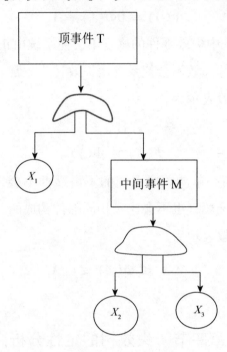

图 5.4－1　　失效树

2. 最小割集

定义：最小割集是指，若将割集中所含的底事件任意去掉一个，则不再成为割集。

如上例中，它的两个最小割集是 $\{X_1\}, \{X_2, X_3\}$。

一个最小割集代表系统的一种失效模式，失效树定性分析的任务就是要寻找 FT 的全部最小割集（即失效树的失效谱），发现系统的薄弱环节，集中力量解决这些环节，就可以提高系统的可靠性。

二、求最小割集的方法

1. 富塞尔 – 凡斯列（Fussell – Vesely）算法——下行法

该算法的要点是利用了"与门"直接增加割集的容量，"或门"直接增加割集数目这一性质。

这种算法是沿失效树自上往下进行，即从顶事件开始，顺序将上排事件置换为下排事件，遇到与门将门的输入横向并列写出，遇到或门将门的输入竖向串列写出，直到全部都置换为底事件为止。但这样得到的底事件集合只是割集，还必须用集合运算规则加以简化、吸收，方能得到全部最小割集。

以图 5.4 – 2 失效树为例，求割集和最小割集。表 5.4 – 1 是这一过程。

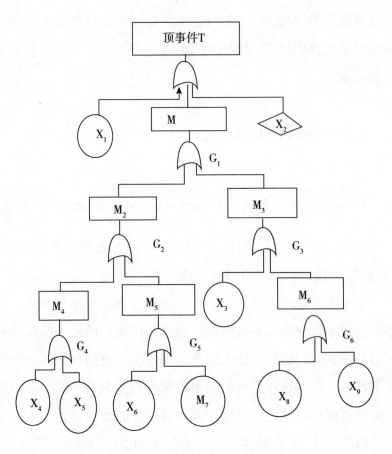

5. 4 −2

表 5.4 –1

步骤	1	2	3	4	5	6
过程	X_1	X_1	X_1	X_1	X_1	X_1
	M_1	M_2	M_4,M_5	M_4,M_5	X_4,M_5	X_4,X_6
	X_1	M_3	M_3	X_3	X_5,M_5	X_4,X_7
		X_2	X_2	M_6	X_3	X_5,X_6
				X_2	M_6	X_5,X_7
					X_2	X_3
						X_6
						X_8
						X_2

这里从步骤 1 到 2 时，因 M_1 下面是或门，所以在步骤中 M_1 的位置换之以 M_2，M_3，且竖式向串列。从步骤 2 到 3 时，因 M_2 下面是与门，所以 M_4，M_5 横向并列，以此下去，直到第 6 步。共找到 9 个割集：$\{X_1\}$，$\{X_4,X_6\}$，$\{X_4,X_7\}$，$\{X_5,X_6\}$，$\{X_5,X_7\}$，$\{X_3\}$，$\{X_6\}$，$\{X_8\}$，$\{X_2\}$。

下一步就要检查它们是否是最小割集。一般可以这样进行：对于每个事件依次对应一个素数 n_i，把每个割集也对应于一个数 N_i，此数是割集中相应事件对应之素数的乘积，于是可得一串数 N_1，N_2，…N_s（S 为割集点数），认为这些数已经由小到大排好，把这些数依次相除，如先用 N_1，遍除 N_2，N_3，…N_s，若 N_1 能整除 N_4，则说明 N_4 是割集而不是最小割集，N_4 可以剔掉。然后以 N_2 遍除余下的 N_3，N_5，N_6，…N_s，若能整除，就可以把后者剔掉。这样一步步做下去，最后剩下的数都是不能互相整除的，与它们对应的就是最小割集，这种方法在计算机上容易实现。

在上例中，定 $X_1 = 2$，$X_2 = 3$，$X_3 = 5$，$X_4 = 7$，$X_5 = 11$，$X_6 = 13$，$X_7 = 17$，$X_8 = 19$。9 个割集依次与 2，7×13，7×17，11×13，11×17，5，13，19，3 相对应。显然 11×13，7×13 可以被 13 除尽，因此可以剔掉。最后剩下 7 个互相不能整除的数是：2，7×17，11×17，5，13，19，3，其对应的最小割集为 $\{X_1\}$，$\{X_4, X_7\}$，$\{X_5, X_7\}$，$\{X_3\}$，$\{X_6\}$，$\{X_8\}$，$\{X_2\}$。

2. 西门德勒斯法（Semanderes）——上行法

此算法是由下向上进行。每做一步都要利用几何运算规则进行简化、吸收。仍以上例说明。

失效树的最下一级为：

$M_4 = X_4 \cup X_5$，$\qquad M_5 = X_6 \cup X_7$，$\qquad M_6 = X_6 \cup X_8$

往上一级为：

$$M_2 = M_4 \cap M_5 = (X_4 \cup X_5)(X_6 \cup X_7)$$

$$M_3 = X_3 \cup M_6 = X_3 \cup X_6 \cup X_8$$

再往上一级为：

$$M_1 = M_2 \cup M_3 = (X_4 \cup X_5) \cap (X_6 \cup X_7) \cup X_3 \cup X_6 \cup X_8$$

最上一级：

$$T = X_1 \cup X_2 \cup M_1 = X_1 \cup X_2 \cup X_3 \cup X_6 \cup X_8 \cup (X_4 \cap X_7)$$
$$\cup (X_5 \cap X_7)$$

得的七个最小割集：$\{X_1\}$，$\{X_2\}$，$\{X_3\}$，$\{X_6\}$，$\{X_8\}$，$\{X_4, X_7\}$，$\{X_5, X_7\}$

其结果与第一种方法相同，要注意的是，只有在每一步都利用集合运算规则进行简化、吸收，得出的结果才是最小割集。

第五节　失效树的定量分析

一、目的

失效树定量分析的目的就是要计算或估计系统顶事件发生的概率以及系统的一些可靠性指标。

二、底事件和顶事件发生概率的表达式

1. 失效树分析中经常用布尔变量表示底事件的状态，如底事件 i 的布尔变量是

$$X_i(t) = \begin{cases} 1 & \text{在 } t \text{ 时刻 } i \text{ 事件发生} \\ 0 & \text{在 } t \text{ 时刻 } i \text{ 事件不发生} \end{cases}$$

如果 i 事件发生表示第 i 个部件失效的话，那么 $X_i(t) = 1$，表示第 i 个部件在 t 时刻失效。我们计算事件 i 发生的概率，也就是计算随机变量 $X_i(t)$ 的期望值：

$$
\begin{aligned}
E[X_i(t)] &= \Sigma X_i(t) \cdot P_i[X_i(t)] \\
&= 0 \cdot P[X_i(t) = 0] + 1 \cdot \\
&\quad P[X_i(t) = 1] \\
&= P[X_i(t) = 1] \\
&= F_i(t)
\end{aligned}
$$

$F_i(t)$ 的物理意义：在 $[0, t]$ 时间内事件 i 发生的概率（即第 i 个部件的不可靠度）。

如果由 n 个底事件组成的失效树，其结构函数为

$$
\Phi(\vec{\chi}) = \Phi(X_1, X_2, \cdots, X_n) \tag{5.5-1}
$$

顶事件发生的概率，也就是系统的不可靠度 $F_s(t)$，其数学表达式为

$$
P(顶事件) = F_s(t) = E[\Phi(\vec{\chi})] = g[\vec{F}(t)]
$$

$$
\tag{5.5-2}
$$

式中，$\vec{F}(t) = [F_1(t), F_2(t), \cdots F_n(t)]$。

下面介绍各种结构的失效分布函数。

1. 与门结构

$$
\Phi(\vec{x}) = \prod_{i=1}^{n} X_i
$$

$$F_s[t] = E[\Phi(\vec{x})] = E[\prod_{i=1}^{n} X_i(t)]$$

$$= E[X_1(t)] \cdot E[X_2(t)] \cdots E[X_n(t)]$$

$$= F_1(t) \cdot F_2(t) \cdots F_n(t) \qquad (5.5-3)$$

2. 或门结构

$$\Phi(\vec{x}) = 1 - \prod_{i=1}^{n}(1-X_i)$$

$$F_s(t) = E[\Phi(\vec{x})] = E[1 - \prod_{i=1}^{n}(1-X_i)]$$

$$= 1 - E[1 - X_1(t)]E[1 - X_2(t)] \cdots E[1 - X_n(t)]$$

$$= 1 - [1 - F_1(t)][1 - F_2(t)] \cdots [1 - F_n(t)]$$

$$(5.5-4)$$

3. 简单与－或门结构

$$\Phi(\vec{x}) = 1 - [(1-X_1)(1-X_2 X_3)]$$

$$F_s(t) = E[\Phi(\vec{x})] = E[[1 - X_1(t)](1 - X_2(t) X_3(t))]$$

$$= [1 - F_1(t)][1 - F_2(t) F_3(t)] \qquad (5.5-5)$$

如果任意的一棵失效树，则必须找出该树的全部最小割集 K_1，K_2，$\cdots$，K_{N_k}。再假设在一个很短的时间间隔内不考虑同时发生两个或两个以上的元部件失效，且各最小割集中没有重复出现的底事件，也就是假设最小割集之间是不相交的。

$$T = \Phi(\vec{X}) = \bigcup_{j=1}^{N_k} K_j(t)$$

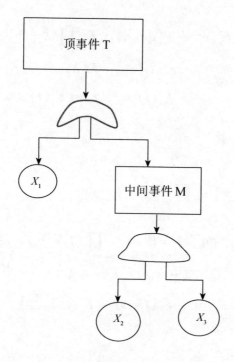

图 5.5 - 1

$$P[(K_j(t))] = \prod_{i \in j} F_i(t)$$

式中, $P[(K_j(t))]$ —— 在时刻 t 第 j 个最小割集存在的概率;

$F_i(t)$ —— 在时刻 t 第 j 个最小割集中第 i 个部件失

效概率;

N_k —— 最小割集数。

则

$$P(T) = F_s(t) = P[\Phi(\overrightarrow{x})] = \sum_{j=1}^{N_k} \prod_{i \in K_j} F_i(t)$$

$$(5.5 - 6)$$

三、精确计算顶事件发生概率的方法

用式 5.5 - 6 精确计算任意一棵失效树顶事件发生的概率，要求假设在各最小割集中没有重复出现的底事件，也就是最小割集之间是完全不相交的。但在大多数情况下，底事件可以在几个最小割集中重复出现，也就是说最小割集之间是相交的。这样精确计算顶事件发生的概率就必须用相容事件的概率公式。

$$P(T) = (K_1 \cup K_2 \cup \cdots\cdots \cup K_{N_k})$$

$$= \sum_{i=1}^{N_k} P(K_i) - \sum_{i<j=2}^{N_k} P(K_i K_j) + + \sum_{i<j=3}^{N_k} P(K_i K_j K_k) + \cdots +$$

$$(-1)^{N_k-1} P(K_1 K_2 \cdots K_{N_k}) \qquad (5.5 - 7)$$

式中，K_i, K_j, K_k——第 I，j，k 个最小割集；

N_k——最小割集数。

由 5.5 - 7 可看出它共有（$2^{N_k} - 1$）项，当最小割集数 N_k 足够大时，就会产生"组合爆炸"问题。如果失效树有 40 个最小割集，则计算 P（T）的公式（5.5 - 7）共有 $2^{40} - 1 \approx 1.1 \cdot 10^{12}$ 项，每一项又是许多数的连乘积，计算量很大。

解决的办法，就是化相交和为不交和再求顶事件发生概率的精确解。

基本思路：某失效树有最小割集 K_i（$i = 1$，2，$\cdots$，N_k）个，一般情况下它们是相交的，即彼此可能含有相同的底事

件，但是 k_i 与 $\bar{k}_i\,k_j$ 一定不相交，由文氏图可以看出，如图 5.5 - 2（a），（b）所示。

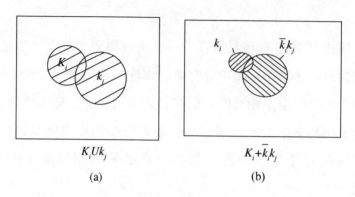

$$K_i Uk_j$$

（a）

$$K_i + \bar{k}_i k_j$$

（b）

图 5.5 - 2

$$K_i \cup K_j = K_i + \bar{k}_i\,K_j \qquad (5.5 - 8)$$

式中，∪——集合并运算；

　　+——不交和运算。

这样：

$$P(K_i \cup K_j) = P(K_i) + P(\bar{k}_i\,K_j)$$

而不是用

$$P(K_i \cup K_j) = P(K_i) + P(K_j) - P(K_i\,K_j)$$

化相交和为不交和还可以有两种做法。下面分别介绍。

1. 直接化法

$$T = \bigcup_{i=1}^{N_k} K_i$$

$$= K_1 + \overline{k_1}(K_2 \cup K_3 \cup \cdots \cup K_{N_k})$$

$$= K_1 + \overline{k_1}\,K_2 + \overline{k_1}\,\overline{k_2}(\overline{k_1}\,K_3 \cup \overline{k_1}\,K_4 \cup \cdots \cup \overline{k_1}\,K_N)$$

$$= \cdots\cdots \qquad (5.5-9)$$

这样一直化简下去，直到所有项全都成为不交和为止。

2. 递推化法

由图 5.5 – 3 可以看出：

$$K_1 \cup K_2 \cup K_3 = K_1 + \overline{k_1}\,K_2 + \overline{k_1}\,\overline{k_2}\,K_3$$

推广到一般

$$T = \bigcup_{i=1}^{N_k} k_i$$

$$= K_1 + \overline{k_1}\,K_2 + \overline{k_1}\,\overline{k_2}\,K_3 + \cdots \overline{k_1}\,\overline{k_2}\,\overline{k_3} \cdots \overline{k_{Nk-1}}\,K_{N_k}$$

可以写成递推式

$$T = F(1)K + F(2) + \cdots + F(N_k) = \sum_{I=1}^{N_k} F(I)$$

$$(5.5-11)$$

其中

$$F(I) = C(I)K(I) \qquad (5.5-12)$$

$$C(I) = \begin{cases} 1 & \text{当 } I = 1 \\ C(I-1)\,\overline{k}(I-1) & \text{当 } I = 2,3,\cdots N_k \end{cases}$$

$$(5.5-13)$$

令

$$K(I) = K_i$$

$$\bar{k}(I-1) = \bar{k}_{i-1}$$

按式 (5.5 - 13) 得

$$C(1) = 1$$

$$C(2) = C(1)\bar{k}(1) = \bar{k}_1$$

$$C(3) = C(2)\bar{k}(2) = \bar{k}_1\bar{k}_2$$

.

.

.

.

.

.

$$C(N_k) = C(N_{k-1})\bar{k}_{N_{k-1}} = \bar{k}_1 \cdot \bar{k}_2 \cdots \bar{k}_{N_{k-1}} \quad (5.5 - 14)$$

按式 (5.5 - 12) 得

$$F(1) = K(1) = K_1$$

$$F(2) = C(2) \cdot K(2) = \bar{k}_1 \cdot K_2$$

$$F(3) = C(3) \cdot K(3) = \bar{k}_1 \cdot \bar{k}_2 \cdot K_3$$

.

.

.

.

·

·

$$F(N_k) = C(N_k)K(N_k) = \bar{k}_1 \cdot \bar{k}_2 \cdots \bar{k}_{N_{k-1}} K_{N_k}$$

$$(5.5 - 15)$$

按式（5.5 – 11）得

$$T = F(1) + F(2) + F(3) + \cdots + F(N_k)$$

$$= K_1 + \bar{k}_1 \cdot K_2 + \bar{k}_1 \cdot \bar{k}_2 \cdot K_3 + \cdots + \bar{k}_1 \cdot \bar{k}_2 \cdots \bar{k}_{N_{k-1}} \bar{k}_{Nk} k_{N_k}$$

$$(5.5 - 16)$$

与式（5.5 – 12）完全相同。

当项数不太多时，按递推式（5.5 – 12）、（5.5 – 13）、（5.5 – 14）、（5.5 – 15）、（5.5 – 16），用手算也是很方便的，又不易出错。对于项数多的，用计算机计算时也可以节省内存。但要注意，每一项 $F(I) = C(I) * K(I)$ 一般仍为相交和。因为递推法只能做到每项之间，即 $F(1)$，$F(2)$，……，$F(N_k)$ 之间不相交，而每一项 $F(I)$ 又是由第 I 个最小割集与前面 $(I-1)$ 个最小割集的补集连乘得到的。由于每个最小割集是由几个底事件组成，因此这些最小割集中的底事件可能重复出现，即 $F(I)$ 本身可能是相交的，但此时由于每个 $F(I)$ 本身组成的项数较少，可以用上面讲的直接化法化为不交和。

第六章

可靠性试验

第一节　引言

为了提高或保证产品的可靠性，评价和验证产品的可靠性而进行的关于产品失效及其影响的各种试验，统称为可靠性试验。

进行可靠性试验的目的是为产品在出厂之后，在规定的试用期内能够达到的可靠性指标（如可靠度、失效率、平均寿命等）提供实验性的保证。可靠性试验是取得可靠性数据的主要来源之一，因而是进行可靠性设计和分析的基础。通过可靠性试验，可以发现产品设计和研制阶段的问题，明确是否需要修改设计，同时，可以对改进后的可靠性指标进行评定和验证。

近30年来，产品的可靠性试验方法得到很大发展，至少有一百种以上的试验方法，其中常用的也有二三十种。至于在工作中究竟录用哪些试验方法及其规模的大小，要根据产品的对象而定，还要考虑试验是处在产品寿命期的哪一个阶段。

由于可靠性试验是出了名的既费时又费钱的试验，因此，研究和采用正确而又恰当的试验方法，不仅有利于保证和提高产品的可靠性，而且能够大大地节省时间、人力和费用。总之，可靠性试验是可靠性工程技术的一个重要领域。

一、可靠性试验的种类

可靠性试验的种类很多，通常可以分类如下：

1. 按试验进行的地点分类

（1）实验室可靠性试验——在规定的可控条件下进行的可靠性验证或测定试验。试验条件可以模拟现场条件，也可以与现场条件不同。可靠性验证试验是指为确定产品的可靠性指标是否达到所要求的水平而进行的试验。可靠性测定试验是指为确定产品的可靠性指标的数值而进行的试验。应注意，通常所说的可靠性试验一般是指在实验室内进行的试验。

（2）现场可靠性试验——在现场使用条件下进行的可靠性验证或测定试验。

2. 按可靠性计划的阶段分类

（1）研制试验——为评价设计质量进行的试验，试验结果反馈到设计中去，以利于修改设计。

（2）鉴定试验——为对单个或成批产品的质量进行评定而进行的试验。它使用于设计定型、生产定型、主要设计或工艺更改之后的鉴定。试验结果可以作为能否定型的依据之一。

（3）验收试验——为判定产品是否合格而进行的试验，即通过试验检查定型后成批生产的产品的寿命、失效率等可靠性指标是否达到规定的目标值。验收试验不一定每批都进行，一般是在制造商和用户商定的时间和批次中进行。

鉴定试验和验收试验（以及成功率试验等）都属于可靠性验证试验在产品的技术条件中，可靠性验证试验是买主在接受产品时的一个条件。当事先没有规定可靠性指标时，则可靠性测定试验可以作为提供可靠性指标的数值的一种试验方法。制造商或用户都可以按照测定试验的方法进行试验，并对试验结果作出可靠性评定。

3. 按试验目的分类

（1）筛选试验——为选择具有一定特性的产品或剔除早期失效而进行的试验。

（2）环境试验——为评定产品在使用、运输或储存等各种环境条件下的性能及其稳定性而进行的试验。

（3）寿命试验——为确定产品寿命分布及特征值而进行的试验。

4. 按施加应力的时间特征分类

（1）恒定应力试验——应力保持不变的试验。

（2）步进应力试验——随时间分阶段逐步增大应力的试验。

（3）序进应力试验——随时间等速增大应力的试验。

5. 按试验时的应力强度分类

（1）正常工作试验——正常应力水平下的试验。

（2）超负荷试验——负荷超过额定值的试验。

（3）极限条件试验——为确定产品能承受多大应力（载荷）而进行的试验。

（4）加速试验——为缩短试验时间，在不改变失效机理的条件下用加大应力的方法进行的试验。

6. 按试验样品的破坏情况分类

（1）破坏试验——样品在试验应力作用下直至失效或破坏的试验，如极限试验，加速寿命试验、环境试验等。

（2）非破坏性试验——包含两类试验，一类是不破坏产品而获得可靠性数据的试验，如正常工作试验、存放试验、性能试验等。另一类是采用非破坏性的方法事前获知产品的潜在缺陷或失效症状的试验，包括超声、红外、激光全息、磁粉、核辐射、浸透等探伤试验。后一类通常是产品质量控制检验。

7. 按试验规模分类

（1）全数试验；（2）抽样试验。

8. 按试验终止方式分类

（1）定时截尾试验；（2）定量截尾试验。

显然，上述各类可靠性试验之间有着互相交错和包含的关系。

二、可靠性试验计划

可靠性试验计划应包含下列基本内容：

1. 根据不同的试验对象，确定试验的目的与要求。

2. 确定试件的失效标准，例如，断裂、变形量的大小等。

3. 确定试验方法和项目，明确试验应力水平、测试何种特性，测量方法及次数，样本容量、试件的尺寸与材料等。

4. 试验时间、设备、人员及经费等。包括试验设备的型号、精度及校正方法等。

5. 试验数据的统计处理方法，试验的记录表格，试验报告的格式及内容。

6. 整个试验计划进度表及试验结果。

为了很好地完成可靠性试验，必须准备好试验计划，即对可靠性试验必须进行设计，应当采取的步骤和注意事项有下列几点：

（1）首先决定试验是否必要，因为在经济上不可能对每个零件都进行试验。

（2）确定试验范围，例如，是破坏性的还是非破坏性的？试验应重现工作条件还是采用加速试验？

（3）试验应仔细地进行设计，以便得到在统计上有意义的数据。因此，在设计试验方案时就要考虑数据处理方法，否则收集好的数据很可能在统计上毫无用处。

（4）试验必须与某一真实的问题有关，因此在试验之前就应掌握产品故障的主要原因。

（5）最重要的是，最后的数据应适当地加以系统化和分析，因此必须占有好的数据并对这些数据作适当的解释。

应注意，仅仅依靠可靠性试验不能提高产品的固有可靠性，因为产品的固有可靠性是由设计决定和制造来保证的，如果产品的生产不稳定，即使通过抽样进行了批量验证试验，仍然不能保证产品的可靠性。此外，试验条件应尽可能模拟实际使用条件，否则最后得到的试验结果会有较大的误差。

第二节　可靠性增长试验

可靠性增长试验是可靠性工程试验的一个组成部分，在可靠性工程中，可靠性增长贯穿了产品的设计、制造、试验、使用和维护全过程。在产品的研制阶段，设计缺陷、外购元器件和材料的隐患，装配失误及制造上各种随机因素的影响，使产品在制造阶段的可靠性大大低于设计的可靠性指标。据美国资料表明，航空电子设备制造后的初始可靠性约为预计可靠性的10%～30%，可靠性增长试验就是在产品的研制阶段，促使产品达到预期可靠性的综合性的工程措施。可靠性增长试验用在对可靠性有改进要求的产品、设计上不大成熟的产品以及在设计上采用新技术或未经可靠性验证的新元器件或新工艺的产品上。

可靠性增长试验的基本过程：在产品投产之前，将完成全面的研制时，将经环境试验和老练处理后的产品置于一定的环境中（此环境可以是实际环境、模拟环境和加速应力环境）进行试验，通过试验暴露产品可靠性的薄弱环节，进而进行细致深入的研究分析，提出有效的改进产品可靠性措施，经过反复进行的试验—分析—改进过程，使产品可靠性在研制阶段逐步达到预计的可靠性值（固有可靠性）。因此，可靠性增长试验的目的就是在产品正式投产前，尽早地采取纠正措施，通过消除设计、制造等的缺陷的方法提高产品的可靠性。此外，增长试验的过程也为判断所采取的纠正措施是否有效提供依据。当然，试验本身不能提高产品的可靠性水平，只有正确地采取纠正措施，防止或排除使用中因缺陷而可能反复出现的失效后，才提高产品的可靠性水平。

在试验—分析—改进过程中，都应使产品的可靠性获得增长，而增长的速率则取决于完成改进工作的速度，尤其取决于所暴露问题的改进措施的完善程度和有效程度。

可靠性增长试验是反复试验和改进的过程，产品的可靠性水平在不断的改进、变动中，所以恒定失效率的假设及相应的数学分析方法对可靠性增长过程是不适用了，需要采用可靠性增长数学模型，如杜安（Duane）可靠性增长模型和克劳（Crow）可靠性增长模型。

第三节 可靠性验证试验

验证试验方案通常就是抽样检验方案，一般要回答以下几个问题：

（1）使用方风险、生产方风险；AQL，LTPD 值各选多少比较合适？

（2）采用什么样的抽样方式（单式、复式、序贯等）？

（3）投试多少样品？或试验多少次？或试验多长时间？

（4）试验合格与否的判定标准是什么？

本节重点讨论寿命为指数分布的几种典型可靠性验证试验方案。

一、设计鉴定与生产验收

产品设计能否定型，一般要经过设计鉴定，也就是通过鉴定试验验证产品是否已经满足预定的设计可靠性指标要求。这种试验以使用方利益为主，故设计鉴定方案一般要从严。有时把设计指标定在极限质量（LTPD）上；但为了兼顾生产方的利益，不使 α 值过大，可以把 β 值取大些，对方案作适当放宽。

产品定型后，我们对产品设计可靠性已有了基本了解。那么，转入批量生产后，产品可靠性不应有所下降而低于设计可靠性。但是，产品在生产过程中生产条件有可能发生波动，而影响产品质量。为了检查生产过程中是否因生产条件变动而引起可靠性降低，必须在交付使用时进行批量生产验收。这种试验通常把验收指标定在合格质量水平（AQL）上。当实际可靠性达到合格质量水平时，应以高概率接受产品。

二、单式寿命抽样方案

设产品寿命为指数分布，θ 为平均寿命。规定：应以高概率接收的合格平均寿命水平（AQL）为 θ_0，以高概率拒收的平均寿命下限（LTPD）为 θ_1，生产方风险为 α，使用方风险为 β，当产品平均寿命为 Q 时的接收概率为 $L(Q)$，设计一个寿命抽样方案，应该满足：

当 $\theta = \theta_0$ 时，$L(\theta_0) = 1 - \alpha$

当 $\theta = \theta_1$ 时，$L(\theta_1) = \beta$

1. 定数截尾寿命抽样方案

在一批产品中，任意抽取 n 个样品，事先规定一个截尾故障数 r，进行寿命试验。当累积故障数为 r 时，相应的故障时间为 $t_{(r)}$。总试验时间由下式计算：

$$T = \begin{cases} \sum_{t=1}^{r} t_{(i)} + (n-r)t_{(r)} & \text{无替换} \\ n\,t_{(r)} & \text{有替换} \end{cases} \qquad (6.3-1)$$

平均寿命的点估计由下式计算：

$$\hat{\theta} = \frac{T}{r} \qquad (6.3-2)$$

若 $\hat{\theta} > c$，产品合格，接收；若 $\hat{\theta} < c$ 产品不合格，拒收。

这个方案实质就是要决定（n，r，c）。统计理论指出：$\dfrac{2r\dot{\theta}}{\theta}$ 为 $\chi^2(2r)$ 分布。因此可以借助 χ^2 分布来计算接收概率 L（θ）。当 $\theta = \theta_0$ 时，

$$L(\theta_0) = P(\dot{\theta} \geqslant c) = 1 - \alpha \qquad (6.3-3)$$

即

$$P\left(\frac{2r\dot{\theta}}{\theta_0} \geqslant \frac{2rc}{\theta_0}\right) = 1 - \alpha \qquad (6.3-4)$$

或 $P\left(\dfrac{2r\dot{\theta}}{\theta_0} < \dfrac{2rc}{\theta_0}\right) = \alpha$

而

$$P(\chi^2(2r) < \chi_\alpha^2(2r)) = \alpha \qquad (6.3-5)$$

这里的 $\chi_\alpha^2(2r)$ 是自由度为 $2r$ 的 χ^2 分布的 αx 下侧分位数

可见

$$\frac{2rc}{\theta_0} = \chi_\alpha^2(2r) \qquad (6.3-6)$$

即

$$C = \theta_0 \frac{\chi_\alpha^2(2r)}{2r} \qquad (6.3-7)$$

当 $\theta = \theta_1$ 时，

$$L(\theta_1) = P(\dot{\theta} \geqslant c) \leqslant \beta \qquad (6.3-8)$$

$$P\left(\frac{2r\dot{\theta}}{\theta_1} \leqslant \frac{2rc}{\theta_1}\right) \leqslant \beta \qquad (6.3-9)$$

由上可得

$$P\left(\frac{2r\hat{\theta}}{\theta_1} \geqslant \frac{\theta_0}{\theta_1}\chi_\alpha^2(2r)\right) \leqslant \beta \qquad (6.3-10)$$

而

$$P(\chi^2(2r) < \chi_{1-\beta}^2(2r)) = \beta \qquad (6.3-11)$$

可见

$$\frac{\theta_0}{\theta_1}\chi_\alpha^2(2r) \geqslant \chi_{1-\beta}^2(2r) \qquad (6.3-12)$$

或

$$\frac{\theta_0}{\theta_1} \leqslant \frac{\chi_\alpha^2(2r)}{\chi_{1-\beta}^2(2r)}$$

满足上式的 r 很多，存在一个最小的 r，使得

$$\frac{\chi_\alpha^2(2(r-1))}{\chi_{1-\beta}^2(2(r-1))} < \frac{\theta_0}{\theta_1} \leqslant \frac{\chi_\alpha^2(2r)}{\chi_{1-\beta}^2(2r)} \qquad (6.3-13)$$

成立。

例 某产品经生产方与使用方共同商定 $\theta_0 = 1000h$，$\theta_1 = 500h$，$\alpha = 0.1$，$\beta = 0.25$，试求定数截尾寿命抽样方案。

解：$\dfrac{\theta_1}{\theta_0} = \dfrac{500}{1000} = \dfrac{1}{2}$，$\alpha = 0.1$，$\beta = 0.25$

根据式（6.3-13），查表可得到：$r = 9$，$\dfrac{c}{\theta_0} = 0.6036$

计算 $c = \theta_0\left(\dfrac{c}{\theta_0}\right) = 1000 \times 0.6036 = 603.6h$

该抽样方案为：$\hat{\theta} \geqslant 603.6$，接收产品；$\hat{\theta} < 603.6$，拒收产品。

2. 定时截尾寿命抽样方案

任抽一个产品，规定总试验时间为 T，进行寿命试验，当试验中累积故障数 $r \leqslant c$ 时，产品合格，接收；当 $r > c$ 时，产品不合格，拒收。

这个方案实质就是要决定 (T, c)。由于产品在 T 时间内出现 r 次故障，符合普阿松分布，即

$$L(\theta) = \sum_{r=0}^{c} P(\frac{T}{\theta}) = \sum_{r=0}^{c} \frac{\left(\frac{T}{\theta}\right)^r e^{-\frac{T}{\theta}}}{r!}$$

当 $\theta = \theta_0$ 时，

$$L(\theta) = 1 - \alpha$$

当 $\theta = \theta_1$ 时，

$$L(\theta) = \beta$$

在有替换的情况下，总试验时间 T 和 c 计算式如下：

$$\frac{2T}{\theta_0} = \chi^2_{1-\alpha}(2c + 2)$$

$$\frac{2T}{\theta_1} = \chi^2_{\beta}(2c + 2)$$

给定 $\theta_0, \theta_1, \alpha, \beta$ 可计算出总时间 T 和 c。

三、序贯寿命抽样方案

序贯抽样方案，是考察故障出现时相应的总试验时间 T，

若 T 相当长，认为产品合格，接收；若 T 相当短，认为产品不合格，拒收；若 T 在两者之间，则认为不足判断，继续试验。可见这种方案是边试边看。下面我们以寿命为指数分布产品为例，来讨论方案。

产品在 T 以内出现 r 次故障为普阿松分布，其概率为

$$P(r) = \left(\frac{T}{\theta}\right)^r \cdot e^{-\frac{T}{\theta}}/r!$$

当 $\theta = \theta_0$ 时，

$$P_0(r) = \left(\frac{T}{\theta_0}\right)^r \cdot e^{-\frac{T}{\theta_0}}/r!$$

当 $\theta = \theta_1$ 时，

$$P_1(r) = \left(\frac{T}{\theta_1}\right)^r \cdot e^{-\frac{T}{\theta_1}}/r!$$

计算这两个概率比

$$\frac{P_1(r)}{P_0(r)} = \left(\frac{\theta_0}{\theta_1}\right)^r \cdot e^{-(\frac{1}{\theta_1} - \frac{1}{\theta_0})T}$$

可以理解，若 $P_1(r)/P_0(r)$ 很大，则 $\theta = \theta_1$ 可能性很大，认为产品不合格；若 $P_1(r)/P_0(r)$ 很小，则 $\theta = \theta_0$ 可能性很大，认为产品合格；若 $P_1(r)/P_0(r)$ 不大不小，则难于判断。因此，我们要选一个较大的数 A 以及一个较小的数 B，作为判定数，考察 A，$P_1(r)/P_0(r)$，B 这三者之间的关系。若 $P_1(r)/P_0(r) \leqslant B$，$\theta = \theta_0$，产品合格，接收；$P_1(r)/P_0(r) \geqslant A$，$\theta = \theta_1$，产品不合格，拒收；$B < P_1(r)/P_0(r) < A$，不足

判断，继续试验。

如何确定 A、B，为此，Wald 给出了按给定的 α，β 来求 A、B 的近似公式：

$$A \approx \frac{1-\beta}{\alpha}, B \approx \frac{\beta}{1-\alpha}$$

第四节 寿命可靠性试验

一、寿命试验的意义与分类

寿命试验是为了证实受试的元件、材料与设备等在某种规定条件（工作、使用、储存）下，其寿命到底有多长。简单来说，也就是一种耐久试验。

对于机械产品来说，当应力超过某一临界值时，就会出现损坏，增大应力直到出现损坏的界限试验叫临界试验，又叫裕度试验。但是，若产品强度随时间而降低，即使应力是在界限以内，不久强度也会低于临界值直到寿命终止。在这种意义上说，寿命试验就是要了解产品在一定应力下的耗损寿命，或在一定振幅的交变应力下的疲劳寿命。

对于电子产品来说，其固有寿命（使用寿命期）很长，在这段时期内，故障的发生纯属偶然，故障间隔时间大多数属于指数分布。产品首次故障时间或故障间隔时间也叫作寿命，是与随机失效相联系的寿命。为了测定这样的时间并估计寿命指标的试验也叫寿命试验。由于电子产品的平均寿命一般很长，寿命试验不可能等到受试样品全部失效再做结论，因此通常是截尾寿命试验。

以上讨论的是产品处于工作状态下的寿命试验，即工作寿命试验。

此外，有些产品在出厂之后，并不立即投入使用，而是先在某种贮存环境下贮存。虽然产品处于非工作状态，但由于受到贮存环境应力的长期作用，产品某些特性参数也会发生变化。了解这些参数变化规律，预测贮存期有多长的试验称作贮存寿命试验。

对于高可靠性产品而言，寿命试验时间很长。为了缩短试验时间，快速评价产品可靠性，就需要加大应力，使产品失效进程加速（而又不改变产品失效机理），这样的试验就是加速寿命试验。按照加应力的方式，加速寿命试验又可分恒定应力、步进应力、序进应力加速寿命试验 3 种。

综上所述，可以把寿命试验分类情况归纳如下：

$$
寿命试验
\begin{cases}
工作寿命试验
\begin{cases}
耗损或疲劳寿命试验 \\
随机寿命试验(截尾试验)
\end{cases} \\
贮存寿命试验
\end{cases}
$$

$$加速寿命试验 \begin{cases} 恒定应力加速寿命试验 \\ 步进应力加速寿命试验 \\ 序进应力加速寿命试验 \end{cases}$$

二、工作寿命试验

工作寿命试验就是在一定环境条件下加负荷的试验。进一步又可分为静态试验与动态试验。静态试验是在规定条件（不完全是使用条件）下加一定负荷（如额定负荷）的试验。而动态试验是模拟使用状态的试验。

工作寿命试验通常采用截尾试验方式，按照截尾方式不同，可分为定数截尾试验和定时截尾试验。定数截尾试验是指试验到预定的故障数就停止试验，此时故障数是固定的，而停止试验时间是随机的。定时截尾试验是指试验到预定时间就停止试验，此时停止试验时间是固定的，而试验中发生的故障数则是随机的。如果在试验中，每发生一个故障，就替换一个好的样品，使样品总数维持不变，叫作有替换试验，否则就叫作无替换试验。这样，可把截尾寿命试验划分成 4 种基本类型：

（1）无替换定数截尾试验

（2）有替换定数截尾试验

（3）无替换定时截尾试验

（4）有替换定时截尾试验

一个截尾寿命试验设计要解决的问题主要是测试周期、投试样品量和截尾时间的确定。

三、贮存寿命试验

许多产品，特别是军品，出厂以后，通常要经历长时间的贮存。它遇到的贮存环境比较复杂，除了固定的库房贮存外，还有临时简易库房贮存；当贮存阵地需要转移时，还要考虑运输振动环境，从而涉及的环境因素很多，例如，振动、温度、湿度、风、雨、冰、雪、尘土、盐雾以及其他大气污染等都可能对产品产生影响；此外，霉菌、昆虫、啮齿动物也可能侵入产品。这些环境因素长期作用于产品，将引起各种机械应力、化学应力、热应力等使产品特性参数发生变化。当参数变化到超过允许值时，产品就不能再投入使用。受贮存环境影响最大的一般是电气元部件、非金属材料与密封件，以及金属的锈蚀。

由于产品在贮存过程中处于非工作状态，贮存环境应力要比工作应力小得多，产品因贮存而失效，往往是长期的缓变过程。

这就需要我们对这样，缓变过程有所估计，以便在贮存失效前采取修复、更换等措施，使贮存寿命延长。因此，贮存寿命试验是保证产品可靠性工作的重要一环。

四、加速寿命试验

用加大应力（如热应力、电应力、机械应力等）而又不改变失效机理的办法，使产品的失效进程加速，这样的试验称为加速寿命试验。根据加速寿命试验结果，可以外推正常使用状态或降额使用状态下的产品寿命。

按照施加应力的方式不同，加速寿命试验大致可分为3种：

（1）恒定应力加速寿命试验。这是将受试样品分成若干组，每组在某一恒定应力水平（大于产品在额定状态下的应力水平）下进行寿命试验。

（2）步进应力加速寿命试验。这是将受试样品分成若干组，每组按预定的时间间隔逐级增加应力水平，看哪一级应力水平能引起失效。

（3）序进应力加速寿命试验，这是将受试样品连续地等速增加应力水平，直到样品失效。

第五节 特殊环境条件下的可靠性试验
——如汽车产品

一、特殊环境下的可靠性试验

这里的特殊环境主要是指特殊的气候环境，如汽车特殊的气候环境，汽车是一个使用环境极其广泛的商品，不同国家、不同地区的气候环境可能不尽相同。

特殊的气候环境对汽车的使用性能和可靠性都有一定的影响。

1. 耐温。汽车的使用环境温度，即使保守地考虑也在（-30，+40）℃。随汽车性能和使用地区的不同，还应考虑超过此温度范围。在高温或低温状态下，汽车各部分功能的正常发挥对汽车的使用至关重要。

2. 盐害。在冬季为防止路面结冰而散布岩盐，对车身密封结构部分、地板、行驶部分零部件、电器等都有明显的腐蚀性。

3. 其他环境。尘埃、泥沙等侵入也成为轴承部分及液压构件等发生故障的原因。降雨、降雪等高分子材料的影响形成光老化、臭氧老化致使其性能下降。此外，由于低气压使发动机性能降低，还有特殊气体介质腐蚀金属部件等。

由此可见，在一般环境下性能可靠的汽车产品，在特殊气候下不一定可靠。因此要对汽车进行特殊环境下的可靠性试验。

在我国，特殊的气候条件主要有严寒地区、高原地区和湿热地区。表6.5-1列出了这些地区的主要环境因素以及相应的主要可靠性问题。

表6.5-1 特殊气候地区的主要环境因素与可靠性问题

特殊气候地区	主要环境因素	主要可靠性问题
高寒地区	低温、冰雪	冷启动性、制动性 冷却液、润滑油、燃油的冻结，非金属零件的硬化失效，采暖除霜装置的性能，特殊维修性问题
高原地区	低气压、低温、长坡、辐射	冷却液沸腾，供油系发生气阻，动力性下降，启动项恶化，人的体力下降，增加维修困难
湿热地区	高温、高湿度、阳光高辐射、雨水、盐雾、霉菌	冷却液沸腾，供油系发生气阻，金属零件的腐蚀，非金属零件的老化、变质、发霉，电器件的故障

二、极限条件下的可靠性试验

极限条件下的可靠性试验不是考核产品与时间因素有关的可靠性指标，而是要在较短的时间内考察汽车承受极限应力的能力，以保证用户在常年使用过程中极少遇到的大应力情况下也是安全的。

对于承受负荷的主要安全部件，为找出其弱点，应施加对其形成破坏的应力，同时为检验其强度是否能充分承受实际使用中发生的最大应力，可进行强制破坏试验。表6.5－2列出了一些极限试验的例子。

表6.5－2 极限条件下的可靠性试验举例

试验项目	试验目的	试验方法说明
沙地脱出试验	判断传动系统的强度	后轮置于沙槽，前进、后退使汽车冲出
泥泞路试验	判断驾驶室、车架的锈蚀及橡胶件的损坏	泥水路300mm，长50m，在泥水槽中行驶
急起步试验	判断传动系及悬架、车架的强度	在平路上及坡路上，拖带挂车，在发动机最大扭矩转速下急起步，反复操作

试验项目	试验目的	试验方法说明
急制动试验	判断制动器、前轴、转向系的强度	在路面摩擦系数高的混凝土路面上直行及转弯时，以最大强度急制动
垂直冲击试验	判断悬架、车身的强度	汽车以较高速度驶过单个长坡或连续长坡
急转向试验	判断转向机构的强度	以可能的速度、最大的转向角进行前进、倒退、反复行驶操作
空转试验	判断传动系的振动负荷	原地将驱动桥支起，以额定转速的110%~115%连续运转，传动轴有一定的不平衡量

　　除以上这些强度试验外，还有如在高速下制动若干次后，验证其规定制动力的耐衰退试验以及最高速行驶试验等极限试验。

附录　标准正态分布表

$$\Phi(x)\int_{-\infty}^{x}\frac{1}{\sqrt{2\pi}}e^{-\frac{t^2}{2}dt}$$

x	0.00	0.01	0.02	0.03	0.04	0.05	0.06	0.07	0.08	0.09
0	0.5000	0.5040	0.5080	0.5120	0.5160	0.5199	0.5239	0.5279	0.5319	0.5359
0.1	0.5398	0.5438	0.5478	0.5517	0.5557	0.5596	0.5636	0.5675	0.5714	0.5753
0.2	0.5793	0.5832	0.5871	0.5910	0.5948	0.5987	0.6026	0.6064	0.6103	0.6141
0.3	0.6179	0.6217	0.6255	0.6293	0.6331	0.6368	0.6406	0.6443	0.6480	0.6517
0.4	0.6554	0.6591	0.6628	0.6664	0.6700	0.6736	0.6772	0.6808	0.6844	0.6879
0.5	0.6915	0.6950	0.6985	0.7019	0.7054	0.7088	0.7123	0.7157	0.7190	0.7224
0.6	0.7257	0.7291	0.7324	0.7357	0.7389	0.7422	0.7454	0.7486	0.7517	0.7549
0.7	0.7580	0.7611	0.7642	0.7673	0.7704	0.7734	0.7764	0.7794	0.7823	0.7852
0.8	0.7881	0.7910	0.7939	0.7967	0.7995	0.8023	0.8051	0.8078	0.8106	0.8133
0.9	0.8159	0.8186	0.8212	0.8238	0.8264	0.8289	0.8315	0.8340	0.8365	0.8389
1.0	0.8413	0.8438	0.8461	0.8485	0.8508	0.8531	0.8554	0.8577	0.8599	0.8621
1.1	0.8643	0.8665	0.8686	0.8708	0.8729	0.8749	0.8770	0.8790	0.8810	0.8830
1.2	0.8849	0.8869	0.8888	0.8907	0.8925	0.8944	0.8962	0.8980	0.8997	0.9015
1.3	0.9032	0.9049	0.9066	0.9082	0.9099	0.9115	0.9131	0.9147	0.9162	0.9177
1.4	0.9192	0.9207	0.9222	0.9236	0.9251	0.9265	0.9278	0.9292	0.9306	0.9319
1.5	0.9332	0.9345	0.9357	0.9370	0.9382	0.9394	0.9406	0.9418	0.9429	0.9441
1.6	0.9452	0.9463	0.9474	0.9484	0.9495	0.9505	0.9515	0.9525	0.9535	0.9545
1.7	0.9554	0.9564	0.9573	0.9582	0.9591	0.9599	0.9608	0.9616	0.9625	0.9633
1.8	0.9641	0.9649	0.9656	0.9664	0.9671	0.9678	0.9686	0.9693	0.9699	0.9706

续表

x	0.00	0.01	0.02	0.03	0.04	0.05	0.06	0.07	0.08	0.09
1.9	0.9713	0.9719	0.9726	0.9732	0.9738	0.9744	0.9750	0.9756	0.9761	0.9767
2.0	0.9772	0.9778	0.9783	0.9788	0.9793	0.9798	0.9803	0.9808	0.9812	0.9817
2.1	0.9821	0.9826	0.9830	0.9834	0.9838	0.9842	0.9846	0.9850	0.9854	0.9857
2.2	0.9861	0.9864	0.9868	0.9871	0.9875	0.9878	0.9881	0.9884	0.9887	0.9890
2.3	0.9893	0.9896	0.9898	0.9901	0.9904	0.9906	0.9909	0.9911	0.9913	0.9916
2.4	0.9918	0.9920	0.9922	0.9925	0.9927	0.9929	0.9931	0.9932	0.9934	0.9936
2.5	0.9938	0.9940	0.9941	0.9943	0.9945	0.9946	0.9948	0.9949	0.9951	0.9952
2.6	0.9953	0.9955	0.9956	0.9957	0.9959	0.9960	0.9961	0.9962	0.9963	0.9964
2.7	0.9965	0.9966	0.9967	0.9968	0.9969	0.9970	0.9971	0.9972	0.9973	0.9974
2.8	0.9974	0.9975	0.9976	0.9977	0.9977	0.9978	0.9979	0.9979	0.9980	0.9981
2.9	0.9981	0.9982	0.9982	0.9983	0.9984	0.9984	0.9985	0.9985	0.9986	0.9986
3.0	0.9987	0.9987	0.9987	0.9988	0.9988	0.9989	0.9989	0.9989	0.9990	0.9990
3.1	0.9990	0.9991	0.9991	0.9991	0.9992	0.9992	0.9992	0.9992	0.9993	0.9993
3.2	0.9993	0.9993	0.9994	0.9994	0.9994	0.9994	0.9994	0.9995	0.9995	0.9995
3.3	0.9995	0.9995	0.9995	0.9996	0.9996	0.9996	0.9996	0.9996	0.9996	0.9997
3.4	0.9997	0.9997	0.9997	0.9997	0.9997	0.9997	0.9997	0.9997	0.9997	0.9998
3.5	0.9998	0.9998	0.9998	0.9998	0.9998	0.9998	0.9998	0.9998	0.9998	0.9998

参考文献

［1］屠庆慈，陆廷孝．系统可靠性分析与设计［M］．北京：中国航空学会科普与教育工作委员会，1984：4.

［2］胡长寿．可靠性工程——设计、试验、分析、管理［M］．北京：宇航出版社，1988：2.

［3］何国伟．机电产品的可靠性［M］．北京：上海科学技术出版社，1989：8.

［4］肖德辉．可靠性工程［M］．北京：宇航出版社，1985：11.

［5］茆诗松，王玲玲．可靠性统计［M］．上海：华东师范大学出版社，1988.

［6］牟致忠．机械零件可靠性设计［M］．北京：机械工业出版社，1988：3.

［7］黄祥瑞．可靠性工程［M］．北京：清华大学出版社，1990：10.

[8] 李舜酩. 机械疲劳与可靠性设计 [M]. 北京：科学出版社，2006：9.

[9] 李良巧. 机械可靠性设计与分析 [M]. 北京：国防工业出版社，1998.

[10] O'CONOR. Practical Reliability Engineering [M]. London：Hegien & Son Ltd，1981：10.

[11] Dimiti KECECIOGLU, D. Reliability Engineering [M]. Arizona：University of Arizona，1982.

[12] 市田嵩，下平胜幸. 可靠性管理 [M]. 冯淑华，译. 北京：机械工业出版社，1988：12.